療癒木擺盤

木盤、砧板這樣用

早午餐、午餐、晚餐、小酌、下午茶、派對的
20個餐桌提案×73道暖心料理

Contents

為什麼他們都愛用木盤、砧板擺盤…

01

Nom Nom
Jimmy

隱身在熱鬧商圈周邊的 Nom Nom 是一間以早餐為出發的風格餐廳，雖然現已轉型為全天候供餐，但在店主人 Jimmy 的心中早餐仍然是最重要的一餐。看似隨興的 Jimmy 不論對食材或器具都很謹慎，來源不明或無法解釋的東西都會讓他覺得「有點怪怪的」而不敢使用，對於謹慎的堅持儘管耗時費心，但仍然想要將心中最自然健康的料理分享給每個人。
〔臉書粉絲專頁：Nom Nom〕

喜愛木盤、木砧板擺盤的原因

Jimmy 的店中大量的使用了木器皿，因為喜歡木頭的質感，認為木材與食材都來自於自然，也因此盛放在木器皿上能夠讓客人更貼近感受天然食物的滋味，另一方面木食器不容易打破能夠減少餐具的耗損也是一個重要的考量。

→ recipe-p.016

02

美麗村工作室
施慎芳 Fan Fan

芳芳老師以多年花藝設計與小朋友的美勞教學經驗，融合自然風格及創意巧思，開創出一種溫柔自然的作品風格。從台南家專畢業後，學習花藝、烘培、布作、銀黏土、繪畫，也是日本 ART CLAY 銀黏土設計講師，目前為花藝教學講師。「就從美麗村工作室開始，想把所學習到的實務經驗，溫柔的傳遞給喜愛手作的朋友」，是芳芳老師最初成立工作室的契機。
〔臉書粉絲專頁：美麗村工作室〕

喜愛木盤、木砧板擺盤的原因

小時候住在鄉下的芳芳老師，家的院子前有一顆鳳凰木，最喜歡看到夏天開出的紅色花朵，對於大自然給予的東西有種深厚的感情，和童年最美麗的記憶，在擺盤上的心情也以連結家和花的「緣」，讓來用餐的客人們都感到幸福。

→ recipe-p.022

住在歐洲時，總是期待著周末假日宴請好友到家中作客。那時，會將餐桌依照季節或節日佈置出各種不同的氣氛。因為喜歡餐桌佈置，會找出許多佈置用或者盛裝美食的可能性，也就是在那個時候開始使用木製砧板的。把食物擺放在木製砧板上，總是有一股自然不做作的氣氛，料理好像變得更美味。
〔臉書粉絲專頁：阿爾卑斯花園／光燦莊園〕

03
阿爾卑斯花園／光燦莊園
魏麗燕

喜愛木盤、木砧板擺盤的原因

在台灣也喜歡將食物盛裝在木砧板上，尤其是與家人共享的時光，多了輕鬆自在的氛圍。也因為如此，我找到來自美國的木製砧板，並且，精挑細選各種方便使用的形狀，讓餐桌多了變化與趣味。隨著料理的形式、形狀，輕易擺放出更能襯托美食的原始風貌。

→ recipe-p.028

張雲媛（Yun），食譜書英倫早午餐的作者，也身兼Facebook粉絲頁 - 廚房旅行日記的共筆者。目前旅居英國，專職建築繪圖，副業爬格子、書寫與食物有關的，也愛拍下料理的瞬間。人生目標便是致力於將這些日日的餐桌風景、飲食印象、日常生活用文字與影像記錄下來。
〔臉書粉絲專頁：Table 63.〕

04
table63.
Yun

喜愛木盤、木砧板擺盤的原因

木托盤與木砧板對我們這兩人小家庭來說一直是廚房裡不可或缺的器物。尤其對於需要為食材攝影的我來說，托盤便於盛裝各式備料的食材、方便上菜；而砧板除了用來切食材之外，當成餐盤將烹調好的料理、甜點直接以木砧板端上桌更是習以為常。比起瓷器的精緻感，木製器物的天然溫潤質感，更能將餐桌上氣氛妝點得更為溫和、舒服。

→ recipe-p.036、144

05

mountain mountain 山山
維瑩

mountain mountain 山山的故事從外雙溪的半山腰開始……。鹹派與甜點是最主要的販售品項，山山的維瑩更大的願望是透過親手做的料理將食材與土地之間的情感傳遞給每一個人，於是這份堅持與心意也成為最大的賣點，一期一會的人氣品項一定跟著產季走。為了讓更多人可以品嚐食物的美好，山山離開了外雙溪搬到內湖，平常以網路訂單為主，週末則提供現賣服務。
〔臉書粉絲專頁：mountain mountain〕

喜愛木盤、木砧板擺盤的原因

凡是來自大地的東西都是維瑩喜愛並且值得珍藏的，而木材就是其中之一。山山的店鋪中使用了大量的原木，從工作桌到置物架到窗框，木材所帶來的溫潤感幾乎包覆整個空間，如同置身森林小屋般，當然也少不了木製器皿與砧板。隨著時間推演，這些收藏的木食器也乘載了關於料理的情感與記憶。

→ recipe-p.042

06

hiii birdie 知鳥咖啡
宏光、小二

食物是能量。從土地到餐桌，從一個人到一群夥伴，知鳥咖啡想要聯結起這些良善意念。尋找辛勤踏實的農家，選擇有機天然的食材，作成樸實原味的甜點料理。店裡有著給一家大小自在的飲食活動空間，旁邊有公園，附近有學校，給大小孩閱讀畫畫的地方，用心做食物，關心家庭大小事，這是個關於家庭生活，廚房的樂趣、料理、創作，生活學習的分享計畫。
〔臉書粉絲專頁：hiii birdie〕

喜愛木盤、木砧板擺盤的原因

樹木是比人類歷史更久，且一直存在地球上的物種之一，提供我們生活及生命所需。從小小的種籽開始成長，一直到生命凋零後，樹木從生到死，不可思議的存在我們的生活中，沒有了樹木，作為人類的我們，應該也無法存活了吧。因此，使用木器來盛裝食物，是再自然不過的事。

→ recipe-p.048

07

PS TAPAS 西班牙餐酒館
ONE

因為從事進口酒類工作的關係，接觸到西班牙的TAPAS餐酒飲食文化，於8年前將TAPAS Bar的小酒館概念引進台灣，開了第一家店，2年前又拓展第二家店。餐廳裡綜合了西班牙從南到北的TAPAS，ONE每年都會親自到西班牙學習新的料理，在過程中也不斷思考台灣有哪些食材可以替代又不失原味，他堅信「唯有親手做過，才能真正深入了解」，帶給大家道地又符合在地口味的TAPAS。
〔臉書粉絲專頁：PS TAPAS 西班牙餐酒館〕

喜愛木盤、木砧板擺盤的原因

自己本身喜歡不修邊幅的東西，而木製品就有一種原始、自然的質感，沒有過度的包裝，又帶有溫暖的感覺，使用在料理擺盤上，能營造猶如家庭化的氛圍，拉近食物與人、餐廳與人、人與人之間的距離。木擺盤的溫潤質地同時也讓食材變成焦點，達到相互輝映的效果。

→ recipe-p.054

08

JAUNE PASTEL 鵝黃色甜點廚房
Wendy、Sean

鵝黃色甜點廚房的故事是從一個檸檬塔開始的。愛吃檸檬塔的兩人為了做出最好吃的檸檬塔，Wendy從尋找真食材為開端一步步邁向全素的自然飲食。從改變飲食到改變生活，現在的鵝黃色甜點廚房不只做甜點，也分享日常的料理和對生活的啟發。拋棄了許多速成的便利與舒適，在都市中過著簡單自在的現代嬉皮生活。
〔臉書粉絲專頁：JAUNE PASTEL 鵝黃色甜點廚房〕

喜愛木盤、木砧板擺盤的原因

工作室裡有許多老物件、舊窗框、漂流木自製的桌椅，以及舊木材改造而成的工作桌，除了傢具外當然也少不了各種不同形狀的木砧板。特別的是這些回收木材往往經過了一段時間的風吹日曬雨淋，能保存下來的都己轉化為接近無機的狀態。除了需要經過清潔之外，幾乎不再需要任何的保養。不只作為擺盤，直接當作砧板在上面切切剁剁，使用起來特別耐用。

→ recipe-p.062、108

09

小珊手帖／黑貓工作室
Le Chat Noir
張小珊

愛花愛雜貨愛捨舊物愛跳蚤市集，2006年張小珊出版了《自然風雜貨生活》一書後令許多手作雜貨迷驚艷及期待小珊能開一間相關的雜貨舖，來分享她的生活及佈置的點子，為了找尋一間「可以傳達自己想法的咖啡店」，小珊選在四面有著通透玻璃的屋子，空間巧妙劃分出工作區塊從事美術相關工作，另一邊打造成咖啡館，目前下午茶時光採取預約方式。〔臉書粉絲專頁：小珊手帖／黑貓工作室 Le Chat Noir〕

喜愛木盤、木砧板擺盤的原因

小珊喜愛木盤本身的特點是溫暖、質樸、耐用且耐看，喜歡自己烹調簡單自然的食物，使用自然材質的容器來盛裝是最恰當的。又很嚮往能住在歐洲的小木屋裡生活，或許不能入住在木造房子裡，但在平常的生活中能夠擁有並使用原木的雜貨佈置家裡或擺盤食物，就能讓人幸福滿滿。

→ recipe-p.074

10

妙家庭廚房
Miao

妙家庭廚房於2008年創立，創辦人Miao致力於追求美好的味覺感受，除了透過自創品牌純手工製作的果醬、鹹醬和零嘴等產品傳遞對食物的想法之外，平常則從事食物企劃的工作。偶爾也透過不同型態的活動分享美食的經歷，並且不定期參與相關的展覽策劃。不論是何種身分或形式，Miao一路走來都堅持用傳統、單純的方式詮釋食材的本質與生命。

〔臉書粉絲專頁：妙家庭廚房〕

喜愛木盤、木砧板擺盤的原因

每天切切、拌拌又煮煮，在廚房裡待上一整天，與食材、器皿為伍，就是Miao生活的樣貌，而木砧板則是廚房裡一個自然存在的品項，就像其他的杯碗瓢盆一樣，不但搜集了不少也使用得頻繁，早就已經是生活中不可切割的一部份了。

→ recipe-p.080

11

Look Luke
Willie & Luke

Look Luke 是一家風格清新又溫暖的甜點工作室，以網路販售為主。工作室由兩位大男生所組成，Willie 負責甜點研發與視覺風格定位，Luke 則是一位資深的咖啡好手，兩人搭配得宜。雖然甜點是目前的核心商品，但對兩人來說，Look Luke 想要帶給大家的不只是好味道的蛋糕，更希望透過親手製作的甜點傳遞善意，以及一種有溫度的生活方式。
〔臉書粉絲專頁：Look Luke〕

喜愛木盤、木砧板擺盤的原因

木質調的器具有一種暖男的溫柔，恬靜又舒服，沒有銳利的稜角反光，與其他器物相碰時，也不會發出尖銳的擾人聲響，反而像個男低音似的提醒你：「我就在這裡，請好好使用我吧！」。Luke Look 原先就喜愛收集器物，也會在旅行中帶回一些喜愛的物件。甜點工作室開始營運之後這些收藏都派上了用場。

→ recipe-p.084

12

哈利的日常．生活滋味。
哈利

哈利是兩個孩子的媽，喜歡拍照、喜歡美食，從製作超可愛的便當開始經營粉絲團並受到關注。跟著孩子的成長哈利將日常生活的點點滴滴紀錄下來。親切溫暖的風格受到許多粉絲喜愛，當小孩漸漸長大後哈利生活的樣貌也開始轉變，但唯一不變的是對孩子與生活的熱情。
〔臉書粉絲專頁：哈利的日常．生活滋味。〕

喜愛木盤、木砧板擺盤的原因

平常就喜歡蒐集物件並且利用它們來佈置生活與餐桌場景的哈利一向喜歡木質調質感，有了孩子之後所收藏的木製器皿與餐盤理所當然的沿用。漸漸發現了利用木質餐盤盛盤能讓料理更接近孩子們，也不用小心翼翼地擔心打破的問題，無形中讓餐桌氛圍更溫暖，也解決了媽媽的難題。

→ recipe-p.090、130

13

NC5 STUDIO
Nancy

Nancy 是個懂得享受生活的職業婦女，已是二寶媽的她，兼顧家庭與工作，笑稱自己閒不下來，在忙碌中仍然把生活過得有滋有味。原先從事紅酒貿易的工作，發現客人對於酒搭餐經常有很大的困擾，加上自己非常喜愛料理，因此開設了 NC5 STUDIO 料理教室與大家分享料理的心得。對 Nancy 來說美食與紅酒都是生活中的享受，從她優雅的料理步調中可以完全感受到下廚的愉悅與幸福。

〔臉書粉絲專頁：NC5 Studio 美好，理所當然〕

喜愛木盤、木砧板擺盤的原因

對外國人來說木砧板非常普遍出現於餐桌擺設上，不管是分食或是隔熱都很好用，因此使用木砧板對 Nancy 來說是一件非常自然的事情，後來看到了朋友所製作的 LEE WOODS，第一眼就被細緻的質感所吸引，在使用上也很安心，從此成為自己家中與料理教室出現最頻繁的物件。

→ recipe-p100

14

真食。手作
Vicky

從一開始為了女兒的健康開始做料理、嚴格把關食材來源，買不到新鮮香草做醬料就自己種植香草，後來因為一場慈善園遊會義賣讓 Vicky 的手作青醬大受好評，她開始在網路販售手工果醬，取名「真食。手作」有「吃進食物真實味道」的用意。一年多前 Vicky 更成立實體餐廳店面，以友善耕種的食材料理，繼續分享健康無添加、真實而健康的飲食理念。

〔臉書粉絲專頁：真食。手作〕

喜愛木盤、木砧板擺盤的原因

「真食。手作」店主人 Vicky 鍾愛木盤很原始的質感，可以讓料理在擺盤的視覺上更有溫度。Vicky 在自家有一個香草花園，她笑說每次走進花園都可以激發她創作新料理的靈感，而木盤、木砧板很適合用來搭配她喜愛的香草植物，同樣都是自然系風格，也很能互相呼應。Vicky 會視料理最後呈現的分量大小，來挑選尺寸適合的木盤砧板。

→ recipe-p.116

15

NC5 STUDIO
Eason

玩味廚男 Eason 平時擔任健康網站的行政主廚，負責食譜研發，同時也是一個十足熱愛生活的人，對健康的追求不遺餘力，把料理和運動視為生活中最重要的兩件事，經常受邀擔任料理老師，同時也是游泳教練，總是不厭其煩地像個傳道者一般樂於將運動與料理的心得分享給大家。

〔臉書粉絲專頁：NC5 Studio 美好，理所當然〕

喜愛木盤、木砧板擺盤的原因

從 18 歲開始接觸料理的 Eason 認為料理雖然值得被當作一門學科去鑽研與深入，但對他而言，比起嚴謹的料理方式，更有趣的是能夠以玩樂的心情去做菜，在料理的世界中無拘無束，體驗味蕾之間的驚喜和奔放，而木砧板便是一個與玩樂精神相當符合的媒介，沒有制式的形式與邊界，無形之間縮短了人與人以及人與料理之間的距離。

→ recipe-p.124

17

日常生活 a day
Ovan

位於松菸商圈的「日常生活 a day」不只是咖啡廳，除了提供餐飲，也規劃了展覽空間和選物店。這間複合式小店展現店主人 Ovan 對於理想日常生活的投射，「這裡有好吃的食物、好逛的空間。」他笑說：「我們就是和大家分享自己喜歡的事物。」所以，聊天嗑牙、搭配小酌的宵夜，Ovan 也喜歡以「分享」的概念呈現一口口享用的小食。樂於嘗試各種可能的他強調，只有不停地在日常裡體驗，才能找出自己喜歡的生活樣貌。

〔臉書粉絲專頁：日常生活 a day〕

喜愛木盤、木砧板擺盤的原因

Ovan 他喜歡材質自然、質感溫潤的用品，而木盤、木砧板就很符合，「木頭材質和各種食材、料理的融合性都很強，無論是吃的、喝的甚至只是單純作為裝飾用的擺盤都很適合，可以在日常生活裡廣泛運用。」保養起來也不會太麻煩，當質地看起來太乾時，重新上食用油保養即可。

→ recipe-p.138

18
小食樂宅料理工作室
Victor

就算一個人在家也很可以吃得很快樂很有味，當然我們的服務不只一個人開始。主廚 Victor 從事美商營養顧問 10 年，曾擔任李安少年 PI 首映會及慶功宴的晚餐主廚。著有「冰箱有什麼煮什麼」一書。擅長料理異國家鄉菜，近年提供私宅外燴及商業外燴等服務。不想一個人吃飯？私宅料理預約中！

〔聯絡資訊：homefood365@gmail.com〕

喜愛木盤、木砧板擺盤的原因

取自於大自然的木頭，不過於正式，卻能自在運用，搭配手感的溫度，很適合喜歡戶外休閒活動及享受生活的自己。

→ recipe-p.150

19
木質線
貴生 & 魚丸

以貼近生活的各式木器及織品為創作主軸，主題多以樹木、植物及果實等造型為發想，並加以簡化而便於日常使用。作品線條多圓潤流暢，以多變且極致的工藝技法，呈現作品最好的模樣。創作材料多以大自然的素材為主，希望物品在不被使用後也能完美地回歸地球。未來仍會持續從事編織及木作的教學推廣，以多面向的木質創作與大家分享。

〔臉書粉絲專頁：木質線〕

喜愛木盤、木砧板擺盤的原因

以木頭為主要創作素材，無非是它在色澤、紋理及香氣上，總有驚奇無窮的變化。開始木質線的作品販售及教學後，發展出許多木食器，像是木砧板、木碟、端盤，或是木匙等。讓木頭這樣舒適美好的材質，作為更多人日常生活中的實用器物，自身也能從使用木食器的生活細節中，激發出更多創作的想法，是木作之於我們永不退燒的理由。

→ column-p.032、114、134

好夢號烘蛋麵包船
recipe-p.018
繽紛水果盤
鳳梨番茄汁
油醋生菜沙拉
recipe-p.020
牛肝菌菇濃湯
recipe-p.021

Brunch Table

01

共享雙人早餐，交換好夢時光

早餐不但喚醒了一天的開始，提供滿滿的能量。
能與心愛的人一起分享早餐時光，在餐桌上交換彼此的好夢，
更是一天當中最美的事。

• 文字：Irene • 攝影：Evan • 食物造型：Nom Nom - Jimmy

Jimmy的木擺盤技巧

tips ❶
用深淺木色，豐富層次

雙人早餐選擇深長條型木砧板盛放重點料理，以深淺不同的木色增加桌面層次。因餐桌面積有限，長條形砧板能保留較多空間，不會太過擁擠。

tips ❷
可以吃的才擺上桌，避免凌亂

盡量減少不必要的裝飾，「餐盤裡的每樣東西都是可以吃的」是 Nom Nom 擺盤的主要概念。

tips ❸
以白色亞麻布品襯托主角

以白色亞麻桌巾襯底，增加自然柔軟的調性，搭配其他材質小物件顯現出料理的色彩繽紛與豐盛。

木盤 / 砧板選用

店內所使用的木食器從挑選木材開始都是由 Jimmy 親手完成，從裸木狀態到切割、打磨直到可以使用至少需要花費 4 小時，因此 Nom Nom 的每一塊木砧板都是獨一無二的。

Jimmy Wood 胡桃木砧板

NT.2,380 元／(長) 40cm x (寬) 18cm x (厚) 1.2cm ／胡桃木

Jimmy Wood 白橡木砧板

NT.2,580 元／(長) 38cm x (寬) 15cm x (厚) 1.2cm ／白橡木

Object | Jimmy Wood 胡桃木砧板、Jimmy Wood 白橡木砧板、Jimmy Wood 木碗、白色亞麻桌巾、琉球手工哨子透明玻璃杯、自製手工陶製小皿、立蛋杯

好夢號烘蛋麵包船

看似複雜的烘蛋麵包船是 Jimmy 自己常吃的食物之一，所利用到的食材都是身邊隨手可得的材料，做法簡單，不管是麵包或是餡料都能依據喜好自由搭配，不但超有飽足感，各種營養也都能均衡獲得。

a

b

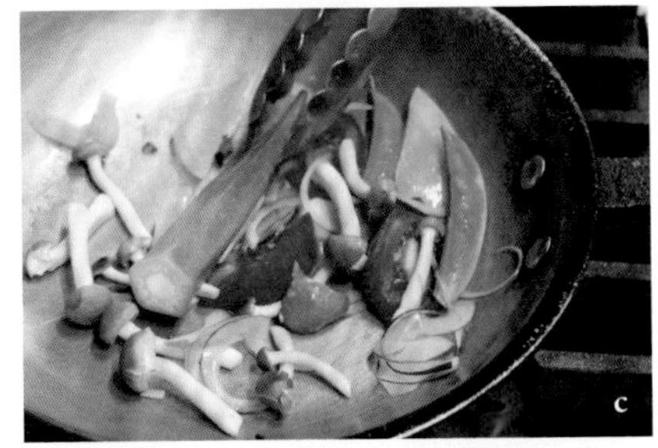

c

d

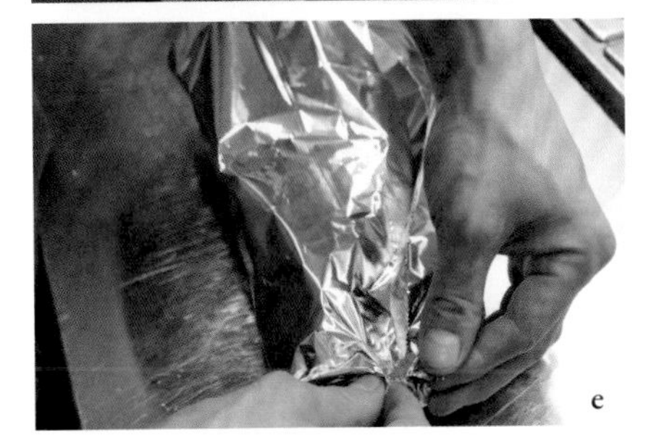

e

[**材料**]（2 人份）

軟麵包 … 2 個

Ⓐ
- 蛋 … 4 個
- 鮮奶油 … 60g
- 鹽 … 3g
- 胡椒 … 2g

Ⓑ
- 培根 … 2 片
- 秋葵 … 2 支
- 番茄 … 4 瓣
- 紅、黃甜椒 … 各 4 小片
- 黑橄欖 … 少許
- 洋蔥 … 少許

[**作法**]

1. 先將麵包頂切開，挖空麵包心。**a**
2. 製作蛋液，**A** 均勻打散。**b**
3. **B** 以小火拌炒。**c**
4. 將 2/3 蛋液緩緩倒入麵包船後放入 3，再倒入剩餘 1/3 蛋液。**d**
5. 加熱，可放入微波爐中，蓋上微波蓋，以中溫加熱，每次先設定一分鐘觀察，視狀況增加加熱時間，總微波時間不超過 5 分鐘。也可放入烤箱中，包上鋁箔紙以 150℃上火加熱，烘烤時間約 8 分鐘。**e**

Point

加熱之前把麵包噴濕能讓口感更加鬆軟。軟麵包可以厚片吐司替代，也可自由加入自己喜歡的食材餡料。挖空的麵包心不要丟掉，可以拿來做濃湯使用。

油醋生菜沙拉

[材料]

紅捲生菜 … 60g
綠捲生菜 … 40g
廣東 A 菜 … 20g
紫紅包心菜 … 4 片
玉米筍 … 2 個

油醋醬

巴薩米克醋 … 20ml
初榨橄欖油 … 30ml
糖 … 8g
鹽 … 2g
胡椒 … 2g

[作法]

1. 生菜洗淨備用。
2. 製作油醋醬：將糖與鹽加入巴薩米克醋中，攪拌至顆粒溶解。初榨橄欖油分次少量加入調味過的醋液中，攪拌至乳化即可。

Point

挑選至少 3 種以上不同的蔬菜就能營造出豐盛的視覺效果，大片葉子與細葉的比例約 8:2，能有色彩的變化會更好。

牛肝菌菇濃湯

[材料]

麵包心 … 100 g
高湯 … 200 g
牛肝菌菇 … 5 片
牛肝菌菇水 … 300g

A
糖 … 10 g
鹽 … 2 g
胡椒 … 1 g

鮮奶油 … 50 g

[作法]

1. 牛肝菌菇先泡水，切丁炒熟。
2. 在 1 加入麵包丁以高湯及牛肝菌菇水煮滾。
3. 以攪拌器或果汁機打碎，加入 **A**。
4. 加入打發的鮮奶油。

Point

加入麵包能讓濃湯的口感更加濃稠，這裡所使用到的麵包心是麵包船挖空的剩料，讓每一個食材都能妥善利用不浪費。

牛肉芝麻葉佐紅酒醋
recipe-p.026

馬鈴薯香菇雞肉
recipe-p.024

奶油煎竹筍
recipe-p.027

橙香磅蛋糕
recipe-p.027

蘆筍捲培根

花藝職人的幸福私房早午餐

擁有日本 AUBE 不凋花及 MAMI FLOWER 花藝設計講師資歷的芳芳老師，有許多學生慕名前來，學習花束或乾燥花圈的手作課程。除了愛花愛草也愛料理，偶爾也會款待學生自己製作的蛋糕點心，令人感到窩心。

• 文字：黑兔兔 • 攝影：Evan • 食物造型：美麗村工作室創意總監－施慎芳

芳芳老師的木擺盤技巧

tips ❶
使用具有手感的手作物品

木盤可以是長長方方的；也可以是不規則造型，喜歡手作的芳芳老師對於手感的木盤感到親切，雖然歪扭卻能夠讓人開心地用餐。

tips ❷
適度搭配陶器×鑄鐵等器皿

餐桌上如果全部都使用木盤來裝盤，反而會讓桌面顯得單調，試著搭配一些手作的陶盤或鑄鐵，等多元材質的裝盤器皿讓畫面豐富些。

tips ❸
妝點美麗的花卉

工作室裡有滿室的新鮮花朵，除了餐桌上的美味餐點外，空間的花草擺飾，讓用餐的人感受到心靈上的富足及療癒。

木盤／砧板選用

橄欖木砧板

旅行時帶回的木砧板，有時在做菜時也會把它當做切菜板來使用，使用到肉類有油脂的食物時，剛好也可以成為保養砧板的保養油。

(長)30cm×(寬)15cm×(厚)1.6cm／橄欖木

原木砧板

從日本道具街合羽橋購買回來，平日只需塗上食用的橄欖油保養並保持乾燥，適合盛放下午茶單片或兩份蛋糕大小適中。

(長)29cm×(寬)12cm×(厚)1.5cm／天然原木

長型木砧板

長條型又帶點溝槽設計的木砧板，適合盛放圓造型或易滾動的食物，淺色系的砧板放上任何食材都能成為餐桌上的亮點。

(長)35cm×(寬)10cm×(厚)1.5cm／天然原木

Object | 橄欖木砧板、手作木板、手感陶盤、日本帶回天然藍染布桌墊、亞麻布桌墊、小燭杯

馬鈴薯香菇雞肉派

多年前，芳芳老師曾經在天母的小巷弄裡開了一家下午茶店取名叫「美麗村」，這是一家可以聚集自己喜歡的東西，既像餐廳又像客廳可以招待客人飽餐一頓的地方。這道馬鈴薯雞肉派深受老朋友的喜愛，馬鈴薯烤過酥酥的口感當襯底，一口咬下的香菇香，可當正式餐點又可當下午茶，對於喜歡鹹食又不想吃太飽的時刻，這道有著滿滿雞肉香氣的點心，正是適合。

[**材料**]（2 人份）

馬鈴薯…1 顆
麵粉…1 湯匙
奶油…10g
蛋…4 顆
牛奶…150ml
起司絲…50g

餡料

香菇…4 朵
雞胸肉…1/2 片
巴西里…2 支
紅蔥頭…2 顆
鹽…1 小匙
橄欖油…1 大匙

[**作法**]

1. 將馬鈴薯刨絲，加入麵粉和奶油攪拌均勻，並將烤模塗上奶油，把馬鈴薯放在烤模裡鋪好壓緊，放入烤箱180℃烤 25 分鐘將馬鈴薯烤熟。**a**
2. 製作餡料：香菇切絲加雞肉切丁加巴西里切碎，橄欖油炒香菇炒香後放入紅蔥頭爆香之後加入雞胸肉放入巴西里。**b**
3. 把蛋打勻加入牛奶加入起司絲。**c**
4. 把餡料平均放入烤模裡，填入蛋液灑上起司放入烤箱以 180℃烤 20 分鐘，完成後灑上巴西里。**d**

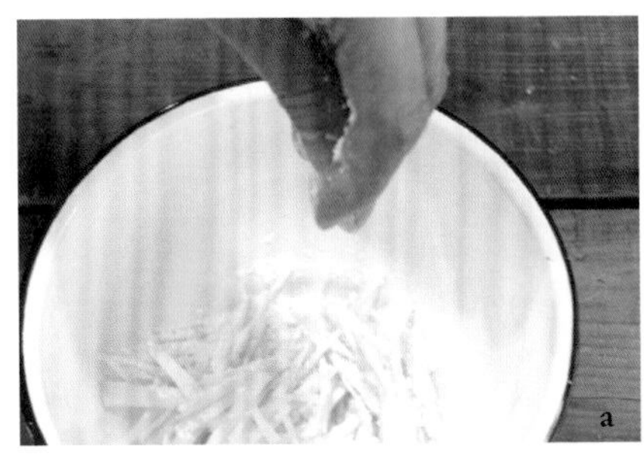
a

b

c

d

牛肉芝麻葉佐紅酒醋

[材料]

芝麻葉 … 50g
牛肉 … 100g
橄欖油 … 1 大匙
紅酒醋 … 1 小匙
鹽 … 1 小撮
起司片 … 少許

Point

牛肉煎至上色後，用鋁箔紙再加一塊布將牛肉燜熟，待肉質變淡粉色最可口。

[作法]

1. 牛肉用橄欖油煎至四面上色，用鋁箔紙包起來放涼切片備用。
2. 紅酒醋加橄欖油拌勻，芝麻葉灑上少許鹽巴。
3. 將牛肉鋪在芝麻葉上，淋上 2，刨一些起司片和烤過的麵包丁即可。

奶油煎竹筍

[材料]

竹筍(中型)… 2 支
紫蘇葉 … 2 片
奶油 … 1 小塊
醬油、橄欖油 … 各少許

[作法]

1. 竹筍蒸熟對半切片。
2. 平底鍋放入橄欖油，將竹筍煎到雙面上色，加入一小塊奶油。
3. 淋上醬油灑上紫蘇葉。

橙香磅蛋糕

[材料]

雞蛋 … 3 顆　無鹽奶 … 80g
糖 … 80g　低筋麵粉 … 100g

[準備動作]

柳橙蜜在水果酒裡，先放上一晚備用。

[作法]

1. 烤箱先預熱，把蛋和糖打勻後加入融化的奶油拌勻。
2. 將 1 的奶油糊放入低筋麵粉拌勻，加入糖漬柳橙丁。
3. 放進烤箱烤 160℃烤 45 分鐘。

Point

放了一晚的水果酒柳橙丁先加入少許的麵粉，放在步驟 2 時才不會沈澱在蛋糕底部。

普羅旺斯燉菜
recipe-p.030
燉菜香烤麵包
recipe-p.031
鄉村烤馬鈴薯
檸檬黃李子派
recipe-p.031

Brunch Table
03

如普羅旺斯陽光般的周末餐桌

周末的餐桌，是我們一家人共享美好周末的開始。一週五天的早晨，家裡的每一位成員總是在忙碌中渡過，直到周末才真正放輕鬆，全家人一起享用日光早午餐。這麼美好的一餐，當然值得費心安排。

• 文、攝影、食物造型：阿爾卑斯花園－魏麗燕

魏麗燕的的木擺盤技巧

tips ❶
把法國鄉村風格展現在料理與器皿上

選用帶著粗獷風格的法國陶器來盛裝普羅旺斯燉菜。溫暖色調的手作陶器，把美味料理襯托得更加令人食指大動。

tips ❷
餐桌上的各種形狀木製砧板

各式風味的料理，透過長型、圓型、銀杏葉型、槳型等不同形狀的砧板盛裝，更能展現出輕鬆的餐桌畫面。

tips ❸
運用顏色大膽的亞麻桌巾

將平日使用的亞麻色、白色桌巾收起來，周末就是要帶著滿滿的熱情與活力，讓餐桌上的話題更加熱絡。

木盤 / 砧板選用

銀杏葉砧板

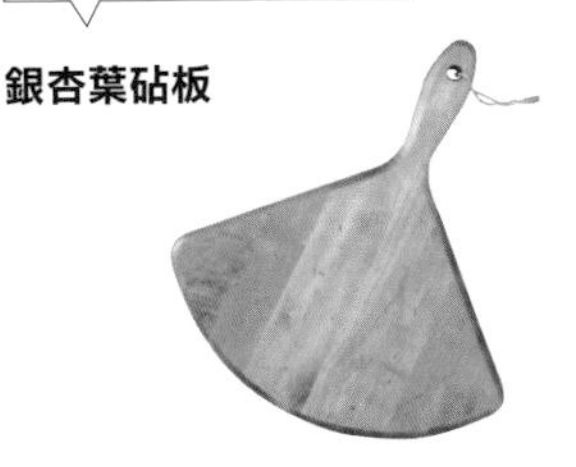

特殊的銀杏葉造型，適合用來盛裝前菜、冷盤等。木頭是活的，只要適時使用礦物保養油擦拭，就可以確保木質越來越漂亮，且具有防蟲效果。

NT. 3,680 元（含亞麻收納袋）／
(長)42.5cm×(寬)37.5cm×(厚)1.5cm ／美國楓木

槳型砧板

採用美國楓木製作，硬度佳、耐磨又耐用。稍微大一點尺寸，方便使用 ；盛裝一整個派、比薩，或更是主菜，完全呈現出自然、更可口的感覺。

NT. 3,680 元（含亞麻收納袋）／
(長)45cm×(寬)29cm×(厚)1.5cm ／美國楓木

Object | 光燦莊園葡萄酒紅色亞麻桌巾(180×140cm)、法國鄉村陶器、長形砧板、圓形砧板、杏葉砧板、槳型砧板

普羅旺斯燉菜

［材料］

Ⓐ
- 洋蔥 … 2 個
- 大蒜 … 3 瓣
- 鯷魚 … 少許

Ⓑ
- 日本茄子 … 3 個
- 紅、黃甜椒 … 各 2 顆
- 洋菇 … 8 朵
- 雞豆（鷹嘴豆）… 400g

- 小馬鈴薯 … 6 個
- 小胡蘿蔔 … 2 條
- 番茄 … 5 個
- 橄欖油 … 適量
- 番茄糊 … 200g
- 月桂葉 … 少許
- 迷迭香 … 少許
- 甜茴香 … 少許
- 義大利香芹 … 少許

［作法］

1. 將所有材料洗乾淨後，切成適當形狀、大蒜瓣切片，備用。
2. 燉鍋內加入橄欖油和 **A**，加些研磨胡椒，慢火炒至洋蔥上色變軟，再加入馬鈴薯、胡蘿蔔拌炒。蓋上鍋蓋稍微燜煮。
3. 打開鍋蓋加入 **B**，繼續拌炒後，再加入新鮮香草，蓋上鍋蓋稍微燜煮。
4. 蔬菜燜煮後開始變軟，這時加入番茄糊後，稍微翻攪一下鍋內食材，讓他們都能覆蓋到番茄糊，也可以加入一些水，繼續燉煮。
5. 燉煮約 20 分鐘後，試試味道。可以加一匙糖和些許鹽提味。最後在上桌前淋些特級橄欖油、義大利香芹。

Point

除了選擇新鮮的蔬菜外，我喜歡加入口味較重的鯷魚。它能提升這道料理更豐厚的口感與層次。

燉菜香烤麵包

[材料]

普羅旺斯燉菜 … 適量
法國麵包 … 1 條
焗烤用起司 … 100g

[作法]

1. 法國麵包圓切成約 1.5cm 厚度。
   再將燉好的菜依照適當的量鋪在麵包上。
2. 將焗烤用起司鋪在燉菜上。
3. 放進烤箱以 180℃烤約 15 分鐘。

檸檬黃李子派

[材料]

黃李子 … 約 16 顆
市售派皮 … 1 張
杏桃果醬、奶油 … 各少許

Point

蘋果、櫻桃、藍莓、李子等都是適合製派的水果。切記，不要選擇水分含量太多的水果。

[作法]

1. 黃李子對切、去籽，備用。
2. 派皮平鋪在烤盤上，將奶油切成薄片平均放置在派皮上。
3. 再鋪上一層杏桃果醬後，再將對切的黃李子平均鋪在派皮上。
4. 放進烤箱以 200℃烤約 35 分鐘。

Column 01

常見的木盤或砧板木種 10

一般常見用來作為木盤或砧板的木種大致分為兩種：一為商業用材，是市面上易取得，價格平易近人的木種。還有一些為特殊木種，近幾年來越來越受到歡迎，可依其特性運用於不同的生活需求。

• 文字：劉薰寧 • 攝影：Evan • 資料提供：木質線

01

臺灣檜木

產地：臺灣／硬度：★★

世界珍奇的四大樹種之一，生長速度極為緩慢，大約十年才長出一公分，經過千年的輪轉而成為珍貴稀少的國寶級樹材，目前已是禁伐樹種，來源僅剩回收的舊傢具、漂流木及建築拆除之剩料。本身有著特殊懷舊、令人放鬆的香氣，其精油含量高，不易發霉的特性，適合作為砧板，缺點是需使用一段時間才能消除氣味。

02

非洲柚木

產地：非洲／硬度：★★★★

木材學名為大美木豆，顏色為棕黃色，硬度堅硬，使其刻紋較美及光滑，但製作時較為費力。油脂少但結構細且均勻，能防腐防蟲，堅毅耐用。

03

楓木

產地：美國／硬度：★★★

產楓糖漿的樹，紋路雅緻、纖維極細，若在生長時彎曲，會自然生成有趣的波浪曲線。表面光滑易被鉋的光亮是其特色。碰到水不易毛躁，適合作為木盤使用。

04

白臘木

產地：美國／硬度：★★★

毛細孔較大，乾燥性能差，若沒有妥善處理易有開裂變形、發霉等情況。春秋材的紋路明顯，木結構粗大、密度高，耐重且有大器之感，常被作為傢具使用。

05

緬甸花梨

產地：緬甸／硬度：★★★★

又稱香花梨，有著自然的檀香味，新鮮切面易出現白色結晶而可看出其精油含量豐厚。木紋細膩，使用歷史悠久，顏色多為低調自然的橘紅及暗紅色，與紅酸枝相較，較不豔麗，可與食物相襯。

06

山毛櫸

產地：歐洲／硬度：★★★★

在北半球分佈廣泛，有著悠久的使用歷史。纖維雜細的分佈，不適合手刻，刻痕較易產生不光滑的毛邊。紋路寬，在細微處有著像雨滴般的木質線，成了可愛的特色，常作為裝飾用木或傢具使用。

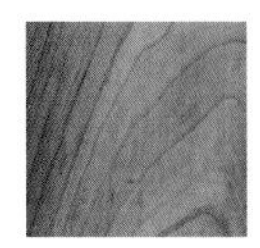

07

櫻桃木

產地：非洲／硬度：★★★

木材為淡紅色至棕色，紋理通直且木質均勻。特色與胡桃木相近，較無香氣，同樣適合作為餐具使用。軟硬度適中，彎曲性好，易於使用手工及器材加工。

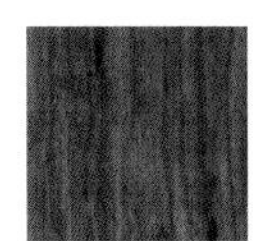

08

胡桃木

產地：美國／硬度：★★★

木頭本身的氣味較淡，紋路寬，軟硬度適中，雕出來的刻紋明顯，因此常作為木盤及砧板使用。也因為自然原色為深黑色，相較於原色為白色的木頭而言較為少見，可用來做成傢具，讓整體居家氛圍更為沈穩。

09

日本檜木

產地：日本／硬度：★★

日本的商業林種，有著清晰的淡雅檸檬香味。油脂豐富不易發霉，米白相間的紋路是其特色。質地鬆軟，適合做砧板，在日本常用來盛裝生魚片，因為硬度較軟，不適鑿刻為盤子。

10

緬甸柚木

產地：緬甸／硬度：★★★

油脂豐厚分佈均勻而耐海水侵蝕，在十五至十八世紀時常作為遠洋大帆船的內裝材料。生長時易包覆沙粒而使其質感粗糙，在加工時要注意鈍刀的可能。

甜豌豆
玉米濃湯
recipe-p.041

蒜味番茄麵包
recipe-p.040

四季豆鴨胸溫沙拉
recipe-p.038

抹茶草莓優格布丁
recipe-p.040

二手木再利用，托起飽足的舒心料理

相對於豐盛的早餐及讓人感到癒療的晚餐，午餐時刻似乎總容易讓人忽略。但一份舒心又讓人飽足的午飯，就像是一天之中重要的補給時刻，能帶來滿滿的能量！

• 文字、攝影、食物造型：table 63. – 張雲媛 YUN

張雲媛的木擺盤技巧

tips ❶
避免湯水及高溫

木製食器表面大多有天然塗層，但為了食用安全的原因，應盡量避免盛裝高溫的湯汁。

tips ❷
自製手工托盤

運用自然色系的木相框，在相框表面裱上自己喜愛的布織品，便是個好看的木托盤。且可依照餐桌主題隨時更換適合的色系、花色，是個創造性及變化性十足小單品。

tips ❸
以托盤及織品營造層次

在大托盤上放上小托盤所盛裝的食器，再鋪上一塊淺色蕾絲餐巾。在餐桌上以不過分搶眼的小單品，堆疊出餐桌空間中的層次感。但仍需注意的是風格及色系不可過於雜亂。

木盤 / 砧板選用

二手木手工托盤

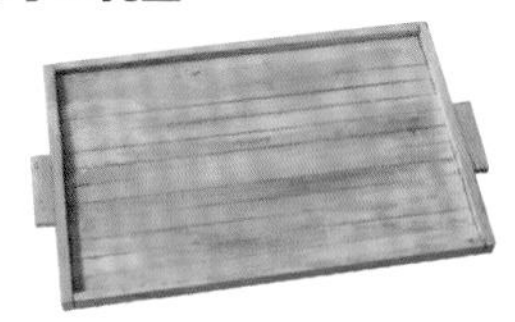

運用二手的松木層板架製成，淺色松木容易加工，可選用無毒環保的木頭漆，加工成自己喜歡的顏色。但仍應避免食物直接碰觸漆面。 把手部分亦可選用五金材質的把手，也別有一番風情。

(長)35cm×(寬)54cm×(厚)2.5cm ／松木

SADOMAIN 洋槐長方形木盤

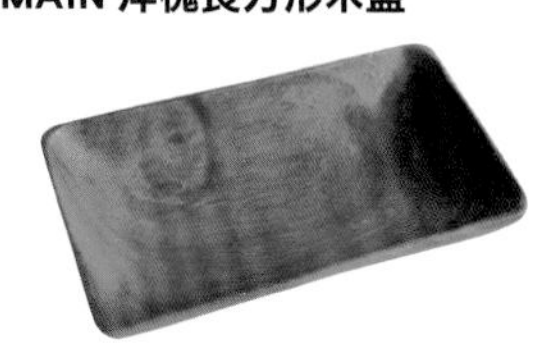

深色洋槐木製成的長盤，木紋粗獷帶有個性。因為稍帶有深度，用來盛裝稍帶有汁液的沙拉、甜品都很適合。但需注意因表面為天然生漆塗裝，不宜盛裝超過 60℃的液體。平時使用則是建議清洗後立即擦拭水分，自然風乾即可。

(長)20.3cm×(寬)12.7cm×(厚)3.8cm ／洋槐木

Object | DANSK 牛奶鍋、FALCON 深盤、IKEA IVRIG 水杯、IKEA 木質相框、SADOMAIN 長方形深皿、白瓷小型研磨缽、白瓷醬油碟

四季豆鴨胸溫沙拉

帶有甜鹹及薑汁風味的鴨肉配上蔬食，既開胃又攝取了足夠的蔬食，兼顧了飽足及輕食的午餐需求。也由於不帶有醬汁，即使不是現做現吃，也是道很適合作為冷食便當的料理菜色！

［材料］

四季豆…約 100 克
帶皮鴨胸…1 塊
鹽…適量

A
- 薑末…1 小匙
- 大蒜（蒜末）…1 瓣
- 蜂蜜…2 大匙
- 醬油…1 大匙

蠔菇（或其他菇類）…約 8 朵

［作法］

1. 烤箱預熱 180℃。
2. 準備一個小湯鍋，煮一鍋加了些許鹽的滾水，四季豆放入滾水中汆燙 30 秒。接著快速將四季豆取出過冷水，瀝乾備用。**a**
3. 在鴨胸帶皮的這一面畫幾刀，並灑上鹽調味。在小碗中將 A 混合均勻。**b**
4. 取一個可以放入烤箱的平底煎鍋，鍋熱後放入鴨胸。鴨皮面朝下，煎 4 分鐘或至鴨皮微酥。**c**
5. 接著淋上混合好的調味料，送入烤箱烤 8-10 分鐘。**d**
6. 取出鴨胸後，先靜至約 5 分鐘再切成薄片。**e** 原平底鍋加入蠔菇，以中小火油煎。煎至蠔菇表面稍微上色即可。將鴨胸、四季豆及蠔菇一同盛盤即可。**f**

蒜味番茄麵包

[材料]

番茄 … 1 顆
大蒜 … 1-2 瓣
法式長棍麵包 … 1 條
橄欖油 … 1 小匙
海鹽 … 適量

[作法]

1. 將番茄對半切開，切面朝下，以磨泥器將番茄磨成泥。（番茄皮捨棄）
2. 將棍子麵包切片，放進烤箱中烤至微酥。
3. 大蒜去皮後對半切開，以大蒜切面磨擦麵包表面。
4. 接著在麵包上塗抹上番茄泥，淋上些許橄欖油及海鹽便完成。

抹茶草莓優格布丁杯

[材料]

草莓 … 10 顆
希臘優格 … 1/4 杯（約 60ml）
打發鮮奶油 … 1/4 杯
抹茶粉 … 1 小匙

[作法]

1. 將草莓洗淨瀝乾後對半切開。
2. 在大碗中打發鮮奶油，攪打至鮮奶油能呈現尖角而不滴落的狀態。接著拌入優格和抹茶粉，攪拌均勻。
3. 在小碗中鋪上草莓，淋上優格糊後撒上些抹茶粉裝飾。

甜豌豆玉米濃湯

[材料]

奶油 ⋯ 30g
洋蔥 ⋯ 1 顆
大蒜 ⋯ 1 瓣
玉米粒 ⋯ 200g
高湯／水 ⋯ 300ml
鹽及黑胡椒 ⋯ 適量
冷凍豌豆 ⋯ 1/2 杯

[作法]

1. 在一個深湯鍋中加入奶油，開中火。奶油熔化後加入洋蔥丁及大蒜，慢慢翻炒至食材熟軟並稍微呈現焦糖色。
2. 加入玉米粒稍微拌炒，接著加入高湯／水，湯滾後熬煮約 10 分鐘。以鹽及黑胡椒調味。
3. 玉米湯稍微放涼後以手持攪拌棒或果汁機攪打成濃湯狀。濃湯用細網過篩後倒入碗中。
4. 另外取一個小湯鍋，煮一鍋熱水將豌豆燙熟。將熟豌豆撒在湯中即可。

柚子蜂蜜
紫蘇葉冷番茄
recipe-p.046
百里香山椒
烤玉米筍
recipe-p.047
印度鮮蝦咖哩
recipe-p.044
烤酸奶馬鈴薯
recipe-p.046
紫米飯

Lunch Table

05

不可能更幸福的員工分享餐

一起工作的夥伴們天天相處，有時候像是親人一樣，除了彼此分擔工作外，也分享生活中的喜怒哀樂，並照顧著對方。豐盛的員工餐由大家一起完成，不只填飽了肚子，惺惺相惜的心意更將成為記憶中的美好。

• 文字：Irene • 攝影：好拾光寫真 Good times • 食物造型：mountain mountain 山山－維瑩

維瑩的木擺盤技巧

tips ❶
運用食材的顏色對比

利用食材顏色對比性，是最容易的擺盤方法。每道菜組合在一起時自然產生豐富的層次，例如，紅色的番茄襯上綠色的紫蘇葉、米色的馬鈴薯擠上白色酸奶點綴紅色培根碎、深紫色的紫米飯以白芝麻點綴等。

tips ❷
不同烹調方式搭配不同材質器皿

選用不同材質的器皿搭配不同的烹調方法，例如，烤得炙熱馬鈴薯與玉米筍放在溫暖質感的手工陶盤上；清涼的漬番茄則放在陶瓷小皿中。

tips ❸
鑄鐵鍋可以直接上桌

鑄鐵鍋適合燉煮類的料理，當料理完成時可以直接上桌，溫潤厚實的調性突顯出主菜的份量，同時鑄鐵鍋也具有良好的保溫效果。

木盤／砧板選用

手工訂製木砧板

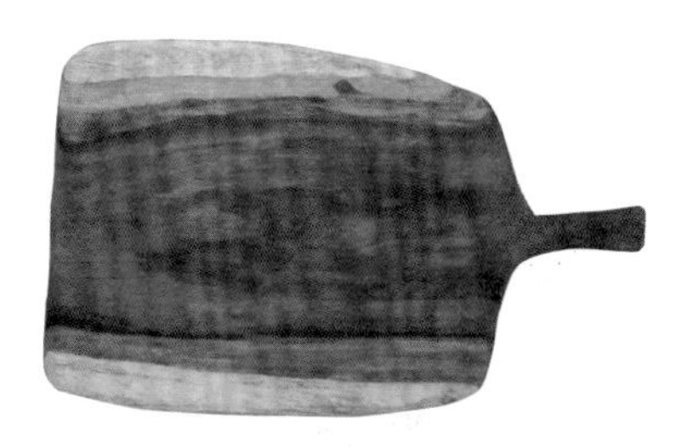

山山維瑩所珍藏的這塊造型與顏色分佈獨特的木砧板是由朋友親手製作的，那時兩人一起去木材行挑選原始的裸木，外層甚至還包覆著樹皮，所以無法知道木紋的走向，帶著神秘的驚奇直到切開之後才一目了然。對稱的木色由淺到深，並非刻意的拼接，所有的色塊與紋路都照著自己的個性發展，無法強求也無法複製。

個人收藏／(長)48cm×(寬)32cm×(厚)1.5cm／烏心木

[**Object** | 手工訂製木砧板、自製手工陶盤、黑色鑄鐵鍋、黑色陶碗、日式和風小碟、銅製小皿、透明玻璃小皿]

印度鮮蝦咖哩

有一段時間山山的夥伴們會各自學習不同的菜色，輪流為彼此準備午餐，而這道印度鮮蝦咖哩是最受好評的料理之一，備料簡單、烹調時間快速、好吃下飯，綜合許多優點而成為員工餐的首選菜色，不論是大食量的男生還是小鳥胃的女孩都能吃得心滿意足。

[**材料**]（約 4 人份）

阿禾師鮮蝦 … 9 尾
番茄 … 1 顆
香菜葉 … 少許

Ⓐ
洋蔥 … 1 顆
大蒜 … 2 瓣
生薑 … 1 片

咖哩香料

白芥末籽 … 1 匙
芫荽粉 … 1 匙
小茴香粉 …1 匙
卡宴辣椒粉 …1 匙
薑黃粉 … 1/2 匙

Ⓑ
水 …300ml
椰奶 … 200ml
砂糖 … 1/2 匙
醋 … 1 匙
鹽 … 少許

[**作法**]

1. 處理食材，將蝦子去殼後留下小尾巴，劃開背部去掉腸泥。洋蔥、大蒜、生薑切碎，番茄切塊。**a**
2. 將白芥末籽以油鍋加熱爆香，加入 **A**，以中火炒至變深色。**b、c**
3. 加入番茄，炒至水分收乾後轉小火，加入其餘香料拌炒 30 秒。
4. 加入 **B**，大火煮滾後，轉小火熬煮 10 分鐘，不時攪拌。**d**
5. 加入草蝦，中火煮 2 分鐘，加入香菜裝飾即可。**e**

Point

使用咖哩粉自製咖哩會比一般的咖哩塊稍微稀一點，但味道層次會更加明顯，也沒有添加物的疑慮。除了鮮蝦之外，也可使用雞肉，如使用雞肉可先煸炒至半熟，下鍋後燉煮的時間也需要增加。

a

b

c

d

e

P.S. 使用鑄鐵鍋完成此料理可以一鍋到底，本步驟圖為求食材照片清楚，故使用平底炒鍋替代。

柚子蜂蜜紫蘇葉冷番茄

Point

去皮的番茄更容易入味，於底部輕劃十字，以小火氽燙大約 30 秒，看到劃十字的皮掀起後即可放入冰水中浸泡，這是非常常見且實用的番茄去皮法。

[材料]

牛番茄 … 3 顆
冷水 … 2 杯
蜂蜜 … 3 小匙
葡萄柚皮 … 少許
紫蘇葉 … 1 片

[作法]

1. 牛番茄底部劃十字，氽燙後浸泡冰水去皮。
2. 冷水加入蜂蜜、葡萄柚皮屑少許、紫蘇為醃汁。
3. 把番茄泡入醃汁中，密封冷藏醃一天即可。

烤酸奶馬鈴薯

Point

建議選用體型小而圓的品種，烘烤前，可以利用叉子在表皮刺出小洞，避免因蒸氣造成表皮脹破。拿出烤箱後可以竹籤輕輕戳刺，若能輕鬆穿透則確定已經熟透。

[材料]

小馬鈴薯 … 3 顆
培根碎 … 少許
酸奶油 … 少許
鹽、黑胡椒 … 少許
青蔥 … 少許

[作法]

1. 小顆馬鈴薯不去皮，刷上橄欖油。
2. 烤箱預熱 180℃，烤 40-50 分左右，中間不時翻面。
3. 出爐後挖除表面馬鈴薯果肉，填入酸奶油，撒上培根碎、鹽、黑胡椒、青蔥裝飾即可。

百里香山椒烤玉米筍

[材料]

帶殼玉米筍 …3 支
蒜碎 … 2 小匙
麵包粉 …6 小匙
百里香 …1 大匙
山椒、鹽、黑胡椒 … 各少許

[作法]

1. 將玉米筍滾水汆燙 3 分鐘取出備用。
2. 熱油鍋將蒜碎爆香後，加入麵包粉炒香，並加入切碎的百里香、鹽、胡椒調味。
3. 將玉米筍放置烤盤上，以刀子從中間劃開，淋上橄欖油。
4. 撒上些許山椒，再將炒好的 2 鋪於上層。進烤箱 180℃烤 5 分鐘至表面金黃色，出爐後撒上百里香即可。

Point

汆燙玉米筍時可在水中加入少量的鹽。

京都抹茶拿鐵
recipe-p.053
紫蘇風味金針
和風涼拌豆腐
recipe-p.052
百香果田樂味噌
烤雞腿翅與蔬菜
recipe-p.051
茴香雞肉丸子
口袋麵包
recipe-p.050
重乳酪雲朵蛋糕
熬很久南瓜濃湯
recipe-p.053
鳳梨 Lassi

Lunch Table

06

吃進一口口食物的溫熱，讓今天有所不同

正午時分總易在忙碌中呼嘯而過，重視每天要吃的午餐，會發現蘊藏在食物中的溫熱，正一口口的給予我們整日所需的活力，今天又將有所不同。

• 文字：劉薰寧 • 攝影：Evan • 食物造型：hiii birdie 知鳥咖啡－小二 & 宏光

小二 & 宏光的木擺盤技巧

tips ❶

用玻璃、陶皿等相互搭配

整桌的木作食器，易使餐桌畫面過於沉靜呆板，可選擇幾樣不同材質的容器，如玻璃、陶皿、竹製品等相互襯托，帶出餐桌上的活潑。

tips ❷

用大自然的小物來點綴

利用從海邊撿來的石頭作為筷架、香草植物點綴飲料的色澤與氣味，再擺上一小杯綠意，大自然的道具就是擺盤的魔法。

tips ❸

將二手回收木作成木食器

將惜物的精神運用在擺盤之中，木書櫃壞了，因為總捨不得把木頭丟掉，將其裁成喜歡的大小，就成了桌上盛裝食物的好幫手。

木盤 / 砧板選用

知鳥喜歡美洲檜木的特性，厚且輕，並保留原木的紋路之美，買一大塊來裁切成喜歡的大小，作為店內盛裝食物的砧板，每一塊都獨一無二。了解東方食物的油膩較易破壞木頭本身的質地，知鳥請木工師傅，用本身就富含油質的柚木製成砧板，製作時不需額外上漆，保留了木頭原有的質感與光澤，只要每次清洗後，塗抹一層薄薄的橄欖油，和養鍋的概念相同，即可延續木頭的使用壽命。

美洲檜木砧板

(長)20cm×(寬)10cm ／美洲檜木

手作柚木托盤

(長)30cm×(寬)30cm×(厚)0.5cm ／柚木

[Object | 美洲檜木砧板、手工柚木托盤、無印良品木製沙拉碗、手削木湯匙、手削木筷子、bambu 竹砧板、白色亞麻桌巾、透明玻璃容器、蔡麗鈴手作陶器]

茴香雞肉丸子口袋麵包

[材料]

日本先鋒高筋麵粉 … 350g
白海豚有機全麥粉 … 150g
鹽 …1 小匙
新鮮酵母 … 15g
砂糖 … 1/2 小匙
橄欖油 …2 大匙
水 … 300ml

Point

完成後的口袋麵包有多種吃法，對切後放入準備好的茴香雞肉丸子，或是生菜、水果、醋漬蔬菜、起司、果醬等等……，自由搭配，都很美好。

[作法]

1. 在攪拌缸中放入麵粉和鹽，另取一鍋，加入水、酵母、糖和橄欖油。
2. 攪拌麵粉，加入酵母水，拌勻後以中速攪拌 8~10 分鐘。取出發酵 1.5 小時。
3. 分割麵團成 8 等分，分別整形成圓球狀，鬆弛後再以桿麵棍桿成扁扁的橢圓形。
4. 烤箱預熱 220℃，二次發酵 20 分鐘。
5. 烤盤上撒些麵粉，放進烤箱預熱 5 分鐘。取出熱烤盤，將發酵好的麵團一一移入， 並立即放回烤箱烘烤 8~10 分鐘，直到麵包表面膨起即可出爐。

百香果田樂味噌烤雞腿翅與蔬菜

[材料]

A
- 有機白味噌 … 2 大匙
- 味醂 … 2 大匙
- 清酒 … 2 大匙
- 百香果 … 2 大匙
- 醬油 … 1.5 小匙
- 糖 … 1 小匙
- 鹽 … 1 小撮

雞腿翅 … 數隻
蓮藕 … 1 根
紅蘿蔔 … 1 根
香菇 … 數朵

[作法]

1. 製作田樂味噌醬醃料，將 A 全部混合攪勻。
2. 保留三分之一醃料，其餘全部倒入雞腿翅中，充分混合醃製至少 1 小時。
3. 烤箱預熱 210℃。香菇去蒂、紅蘿蔔切片、蓮藕去皮切片。
4. 將雞腿翅與蔬菜分別放在烤盤中，進烤箱前先在蔬菜表面刷上醃料。
5. 雞腿翅每隔 10 分鐘從烤箱中取出，再刷上醃料後翻面再烤，直至雞肉表面為金黃色，約需 30~35 分鐘。
6. 蔬菜雙面各烤 10 分鐘，烤熟即可上桌。

紫蘇風味金針和風涼拌豆腐

[材料]

味萬田有機絹豆腐 … 1 塊
新鮮紫蘇葉 … 2 片
白蘿蔔 … 150g
金針菇 … 1/2 包
醬油 … 2 大匙
清酒 … 3 大匙
味醂 … 2 大匙
有機太白粉 … 1 大匙
水 … 1 大匙

[作法]

1. 將白蘿蔔磨成泥，分別保留蘿蔔水（約需100ml）及蘿蔔泥。
2. 金針菇切段洗淨，放入小鍋中，加入醬油、清酒與味醂，煮滾後轉小火，再加入蘿蔔水燉煮片刻。
3. 加入勾芡的太白粉水，攪勻後即可熄火，靜置放涼。
4. 豆腐瀝乾水分切薄片，紫蘇葉切絲。

Point

豆腐上放金針與和風醬，隨興一把蘿蔔泥、撒上一些紫蘇葉，就是一道好吃的紫蘇風味金針和風涼拌豆腐。新鮮紫蘇葉的顏色搭配，襯托出花蓮「味萬田」豆腐的鮮嫩，用玻璃容器盛裝，為沈靜的木擺盤餐桌上加入幾分亮光。

Point

最後撒上些許麵包丁，吸附湯汁後，濃湯的口感更顯層次。搭配手作木湯匙，飲用時的自然手感更為暖心。

熬很久南瓜濃湯

[材料]

南瓜 … 1 顆
洋蔥 … 1 顆
馬鈴薯 … 1 顆
培根 … 1 片
高湯或水 … 1500ml
月桂葉 … 少許
黑胡椒 … 少許
肉豆蔻粉 … 少許
麵包丁 … 少許

[作法]

1. 將南瓜、洋蔥及馬鈴薯去皮切丁。
2. 洋蔥炒軟、炒香後，加入南瓜、馬鈴薯以及培根，相互拌炒後，加入水、月桂葉、些許黑胡椒及肉豆蔻粉，蓋上鍋蓋煮至南瓜變軟，約莫 30 分鐘即可熄火。
3. 等南瓜湯降溫後，以食物處理機打成泥狀，再放回爐上調整濃淡滋味，再次加熱，待煮滾即可熄火。

京都抹茶拿鐵

[材料]

一保堂抹茶粉…5g
黑糖…8g　鮮奶…220g

[作法]

1. 抹茶粉與黑糖，加上一點點溫熱水，以竹器將抹茶粉刷勻。
2. 牛奶加熱至 70℃，打發奶泡，均勻注入有抹茶粉的碗中。

Point

一保堂高品質制作的抹茶粉，再加上香濃四方鮮乳，調配出原汁原味的京都風味。

肉桂吉拿棒
recipe-p.061
麵包小點拼盤
recipe-p.058
瓦倫西亞
海鮮飯
recipe-p.056
馬鈴薯烘蛋
recipe-p.061
雞肉凱撒沙拉
recipe-p.060

Dinner Table

07

用一頓晚餐，夜遊西班牙

如果下班後你喜歡去台式熱炒店，那麼一定要試試有著歐洲熱炒店概念的Tapas Bar，在西班牙餐酒館裡，享受一個用味蕾放鬆心情的異國風味夜晚。

• 文字：劉繼珩 • 攝影：Evan • 食物造型：PS TAPAS – One

One的木擺盤技巧

tips ❶

善用三色食材，讓料理不平淡

運用紅色、綠色、黃色的食材點綴，一來能提升豐盛度，能讓料理顏色不被木製品吃掉，二來在視覺上呈現的是食物的立體感而不會變得平面化。

tips ❷

留意食材空間感，製造活的層次

沙拉的生菜以抓出蓬鬆空氣感取代平鋪；海鮮飯的蝦子以立姿排列取代平放，就連彩椒也要有彎度曲線，盡可能地賦予料理「活」的層次感。

tips ❸

藉由造型巧思，創造視覺效果

食材在擺放上必須講究造型，例如凱撒沙拉的生菜顏色要深淺堆疊，雞肉則沿木碗分散鋪放；海鮮飯配料可呈放射狀或米字狀排列。

木盤 / 砧板選用

從舊木料行取材，找到適合放鍋子與食物的不同木料後，經過上油、拋光等處理，再裁切成砧板、隔熱墊等尺寸，每批木材有著不同紋路，更具溫度與時間痕跡。

自裁長型砧板

NT. 約 200 元／(長)36cm×(寬)14cm×(厚)2cm／胡桃木／購於木柵舊木料行

自裁方型隔熱墊

NT. 約 60 元／(長)20cm×(寬)20cm×(厚)2cm／胡桃木／購於木柵舊木料行

Object | 西班牙鐵鍋、木製沙拉碗、舊木料製砧板、舊木料製隔熱墊、鐵製料理板

瓦倫西亞海鮮飯

海鮮飯名為 paella，起源於瓦倫西亞地區，又稱為大鍋飯。瓦倫西亞海鮮飯的特色是偏乾、不黏稠，除了有蝦子、貝類之外，飯裡還會加入旗魚，由於受熱度會影響口感，因此製作時必須觀察火侯、試味道，就能做出正統、美味的海鮮飯。

[材料]

橄欖油 … 30ml	魚高湯 … 500ml
蝦子 … 數隻	鹽 … 4g
蛤蜊 … 數個	牛番茄碎 … 20g
淡菜 … 數個	青豆仁 … 9g
透抽 … 45g	蒜碎 … 13g
白旗肉 … 30g	紅甜椒 … 13g
白米 … 1 杯	紅椒粉 … 1g

[作法]

1. 熱鍋加入橄欖油，煎蝦子、紅椒條、白旗肉、透抽。**a**
2. 煎熟後加入蒜碎、牛番茄碎炒香，再把蝦子和紅椒條取出，加入魚高湯、鹽、青豆仁、紅椒粉、蛤蜊、淡菜烹煮。**b**
將蛤蜊、淡菜煮熟取出備用，加入米後
3. 轉小火蓋上鍋蓋，計時 18 分鐘。**c**
待快完成的前 5 分鐘，再將取出的食材
4. 放入鍋中擺盤、回溫。**d**

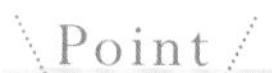

瓦倫西亞海鮮飯的特色是偏乾，所以飯要使用生米，且切記不能清洗，以免表面薄膜被破壞後產生澱粉；烹煮時也不可翻攪，只要輕輕抖動鍋子兩下即可，飯才不會有黏稠感。

※ 由右至左：A 墨魚可可餅 B 焦糖洋蔥血腸
C 朝鮮薊菠菜起士沙拉 D 蟹肉沙拉

Point

4 種麵包小點的最頂端都各自有食材裝飾點綴，分別透過美乃滋、紅椒條、火腿片、黑橄欖帶出色彩與層次感。

麵包小點拼盤

A 墨魚可可餅

[材料]

透抽丁 … 23g
洋蔥碎 … 26g
牛奶 … 66ml
麵粉 … 9g
鹽 … 適量
黑胡椒 … 適量
蒜 … 2g
墨魚醬 … 適量

[作法]

1. 透抽切丁備用、牛奶加入麵粉用果汁機打匀備用。
2. 鍋子倒入橄欖油熱鍋後，加入洋蔥碎及蒜，炒香炒軟再加入透抽丁、鹽、黑胡椒拌炒 5 分鐘，再加入牛奶糊、墨魚醬煮至濃稠放涼。
3. 捏至橢圓型沾麵包粉、蛋液再沾麵包粉，炸至表面呈金黃色，備用。
4. 麵包當底，擠少許蒜味美乃滋後放上墨魚可可餅，插上竹籤。

B 焦糖洋蔥血腸

[材料]

生血腸 … 1 小片
高麗菜絲 … 20g
洋蔥碎 … 13g
大蒜碎 … 1g
白酒 … 5ml
鹽 … 適量
黑胡椒 … 適量
蘋果片 … 1 小片
君度橙酒 … 10ml

[作法]

1. 生血腸剝皮、高麗菜切絲、燙熟瀝乾備用。
2. 鍋子倒入適量橄欖油，加入生血腸、高麗菜絲、洋蔥碎、大蒜碎、鹽、黑胡椒，以中火拌抄 5 分鐘後，加入白酒收乾水分。
3. 將蘋果切片後，加入君度橙酒烤 15 分備用。
4. 麵包當底，放上蘋果片再放上血腸醬，最後加上煎過的紅椒條，插上竹籤。

C 朝鮮薊菠菜起士沙拉

[材料]

冷凍菠菜 … 30g
奶油起司 … 24g
朝鮮薊 … 15g
檸檬汁 … 少許
鹽 … 適量
黑胡椒 … 適量
橄欖油 … 少許
生火腿 … 3 小片

[作法]

1. 把冷凍菠菜的水份擠乾後切碎，再將冷凍菠菜、奶油起司、朝鮮薊、檸檬汁、黑胡淑、橄欖油一起放入食物處理機打勻取出備用。
2. 將生火腿放入烤箱烤至酥脆備用。
3. 麵包當底，將朝鮮薊菠菜起士沙拉放上，再將烤過的火腿片放上，插上竹籤。

D 蟹肉沙拉

[材料]

蟹肉罐頭 … 15g
洋蔥碎 … 6g
番茄碎 … 8g
蒜味美奶滋 … 8g
雪莉醋 … 1g
鹽 … 適量
巴西里 … 少許
橄欖油 … 2g

[作法]

1. 將所有材料拌勻。
2. 麵包當底，放上一片牛番茄片，再放上蟹肉沙拉，最後放少許生菜絲，並加上一顆去籽黑橄欖，插上竹籤。

小點組合作法

1. 將厚度 4 公分的法國麵包片 4 塊放入烤箱，用 180℃烤至外酥內軟。
2. 再將 4 種口味的小點餡分別放置麵包上，淋上適量橄欖油、灑上巴西里即可。

雞肉凱撒沙拉

[材料]

雞清胸肉 … 1 片
美生菜 … 200g
紅綠捲心菜 … 10g
炸培根片 … 少許
帕瑪森起司絲 … 少許
聖女小番茄（對切）
… 3 顆
水煮蛋（對切）… 1 顆
烤過的蒜味法式麵包
… 2 片
凱撒醬 … 適量

[作法]

1. 將雞胸肉碳烤至熟備用。
2. 將美生菜平均拌入凱撒沙拉醬，再依序放上紅綠捲心菜、培根片、聖女小番茄、水煮蛋、蒜味麵包片。
3. 最後撒上帕瑪森起司絲，並將烤好的雞胸肉切片擺上。

Point

在蒜味凱撒醬中加入適量雪莉酒醋，讓醬料帶一點酸味，能讓沙拉醬不這麼膩口，並增加口感層次，達到開胃的效果。

馬鈴薯烘蛋

Point

馬鈴薯一定要炸至熟透，烘蛋才會呈現紮實的膨度，這道料理以馬鈴薯為主，蛋僅佔 1/5 的比例，內裡鬆軟為泥狀口感，可用湯匙攪拌沾蒜味美乃滋一起食用。

[材料]

炸薯泥 … 350g
蛋 … 1 顆
鹽 … 少許
洋葱碎 … 30g

[作法]

1. 馬鈴薯削片、洋葱切碎，用橄欖油中火炸熟炸軟，瀝油放稍微放涼，加入蛋、鹽攪拌均勻備用。
2. 將烘蛋鍋熱鍋，倒入適量的橄欖油，再加入調味好的薯泥，用小火煎至 3 分鐘，用小盤子翻面，再煎 3 分鐘。

肉桂吉拿棒

Point

麵團必須加熱攪拌，且揉麵團時不能超過手感溫度；吃的時候沾上加入萊姆酒及辣椒碎片的巧克力醬，搭配咖啡、熱可可也適合。

[材料]

中筋麵粉 … 71g
糖 … 2g
鹽 … 1g
奶油 … 7g
熱水 … 100ml
蛋 … 1 顆

[作法]

1. 麵粉過篩備用，熱水煮滾轉小火，加入糖、鹽、奶油等所有調味。
2. 融化後加入麵粉，攪拌至麵團表面呈光滑面，取出放至 5 分鐘後加入蛋液攪拌均勻。
3. 將麵團裝入擠花袋中擠出適當長度，再放入鍋中油炸 2-3 分鐘撈起瀝油，趁熱沾上肉桂糖粉。

薑黃腰果奶昔
recipe-p.067
快速醃菜
recipe-p.067
豆腐瑞可達起司
recipe-p.066
Pita 餅
中東蔬菜香料飯
recipe-p.064

Dinner Table 08

充滿濃濃中東風情的香料餐桌

中東料理對我們來說有些陌生，但不難想像中東人對於香料的廣泛應用。香料飯、醃菜、豆腐瑞可達起司，搭配上典型的中東食物 Pita 口袋餅，大膽而強烈的風味讓自家餐桌也感染了濃濃的異國風味。

• 文字：Irene • 攝影：Evan • 食物造型：JAUNE PASTEL 鵜黃色甜點廚房－Wendy & Sean

Wendy & Sean 的木擺盤技巧

tips ❷
各種不同材質的混搭
多利用不同材質與風格的器皿混搭，除了常見的陶瓷外，珐瑯及鋁製品都是中東料理中經常使用的器皿材質。

tips ❷
善用桌布與餐巾紙
色彩鮮豔的圖騰桌布與餐巾紙是最快速能夠營造出異國風情的餐桌道具。

tips ❷
料理色彩穿插鋪陳
色彩鮮黃的香料飯與鮮紫色的快速醃菜呈現強烈的對比，兩者可以錯開，利用其他料理做為兩者的鋪陳，避免視覺重心完全集中於強烈的對比之上。

木盤 / 砧板選用

傳統木砧板

砧板除了擺設之外，最重要的功能還是不能捨棄，這塊年代久遠、佈滿深深淺淺切痕的傳統木砧板就是最好的代表。較大的尺度與較紮實的厚度，可以分成兩個半部，一邊將小碟菜直接連同食器一起擺上，另一邊則可堆疊食材，讓整體高於其他料理或食器，營造餐桌重點與份量感。

個人收藏／(長)38 cm×(寬)25 cm×(厚)1.5cm ／舊木

[**Object** | 絲質圖騰桌巾、印花餐巾紙、藍色青瓷碗、白色珐瑯圓盤、玻璃小皿、鋁製小皿、長方形木砧板]

中東蔬菜香料飯

薑黃是中東蔬菜香料飯的靈魂，薑黃帶有辛香藥味，是製作咖哩的重要材料之一，也是天然的抗發炎及抗氧化食物，被人類使用已有超過四千年的歷史，這道香料飯雖然沒有加入肉類食材，但各種香料搭配蔬菜的層次也絕對足以成為餐桌上的亮點。

[材料](約 4 人份)

洋蔥丁 … 1/2 杯
椰子油 … 1 大匙
印度香米(Basmati rice)… 1 杯
薑黃粉 … 1/2 小匙
孜然 … 3/4 小匙
月桂葉 … 1 片
蔬菜高湯 … 2 杯
海鹽 … 1 小匙
紅蘿蔔丁 … 1/2 杯
葡萄乾 … 1/4 杯
杏仁片 … 1/4 杯
巴西里 … 3 大匙
Bragg 醬油 … 少許

[作法]

1. 取一個有蓋子的的深燉鍋(至少有 3 公升的容量),加入洋蔥丁和椰子油,以小火慢炒約 10 至 15 分鐘,至洋蔥呈現半透明狀並散出香氣。**a**
2. 加入印度香米繼續拌炒 5~10 分鐘,至米粒稍微呈現半透明狀態,並吸滿了油脂。**b**
3. 加入薑黃粉、孜然和月桂葉,拌炒至有香味散出後,加入蔬菜高湯和海鹽,大火加熱至微滾後,轉小火加蓋燜煮 10~12 分鐘。**c**
4. 待水分被米粒完全吸收,用小叉子試吃一下飯粒是否熟透,如果已熟透就關火,放入紅蘿蔔丁加蓋燜 20 分鐘。這個階段切勿將米飯拌開,要再加蓋燜,否則飯會變得黏呼呼的,不是鬆軟的口感。**d**
5. 將香料飯拌鬆,加入葡萄乾、杏仁片和巴西里拌勻,最後加入少許醬油調味,即可上桌。**e**

Point

這裡使用的醬油為 Bragg 醬油,主要為提味使用,如果沒有 Bragg 醬油也可使用一般慣常使用的醬油,但建議選擇非基因改造的純釀醬油(非化學醬油)。

a

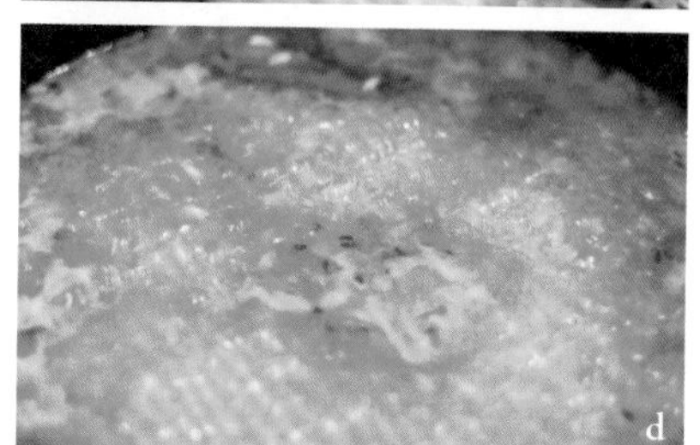

豆腐瑞可達起司

[材料]

板豆腐 … 360g
甜味噌 … 1~2 大匙
營養酵母 … 2 大匙
肉豆蔻粉 … 1/8 小匙
生蘋果醋 … 1 大匙
海鹽 … 3/4 小匙或更多
現刨黑胡椒 … 少許

[作法]

1. 將板豆腐用棉布包裹放在深盤中，上頭壓重物放冰箱一個晚上以瀝出水分。
2. 取一個中盆，將瀝乾的板豆腐用手稍微剝碎。
3. 加入剩下的材料與調味料，用叉子搗勻並試試味道做調整。
4. 放入冰箱冷藏後再享用。

Point

以豆腐取代奶製品製成的起司即使是全素食者也可以放心食用。放入冰箱密封冷藏保存約可放 2~3 天。

快速醃菜

Point

快速醃菜非常適合作為常備菜，完成後除了直接上桌之外，經過冷藏入味後風味更佳，冰藏保存約可存放一週左右。

[材料]

葛縷子（caraway seeds）
… 1/4 小匙
芫荽籽（coriander seeds）
… 1/4 小匙
紫高麗菜 … 1 顆
蘋果 … 1/2 顆
海鹽 … 3/4 小匙或更多
生蘋果醋 … 1~2 大匙

[作法]

1. 紫高麗菜與蘋果切成細絲。
2. 在平底鍋中，將葛縷子和芫荽籽小火拌炒至香氣散出後，放涼並磨成粉。
3. 取一個大盆，放入切成細絲的高麗菜和蘋果，還有香料粉、海鹽和蘋果醋，用手將其按摩至蔬菜稍微變軟，約 3~5 分鐘。
4. 試吃一下味道，依個人喜好調整到最剛好的味道後就可以直接上桌。

薑黃腰果奶昔

Point

香料粉在兩批堅果的中間放入，可以防止高速攪打時，香料粉噴灑到蓋子上的困擾。

[材料]

生腰果…1 又 1/2 杯
薑黃粉…1 大匙
肉桂粉…1 小匙
椰棕糖…3~4 大匙
（另外多準備一點裝飾用）
過濾水…4 杯

[作法]

1. 生腰果浸泡 4~6 小時，洗淨瀝乾備用。
2. 在果汁機中，放入一半的腰果、薑黃粉、肉桂粉、椰棕糖，再放入剩下的一半腰果和過濾水，用高速攪打至綿密細緻，沒有顆粒。
3. 倒入杯中，撒上一些椰棕糖裝飾即可享用。

Column
02

PICK UP 木盤・砧板選物 20－1

木盤或砧板的種類和品牌琳瑯滿目，且形狀、大小、木種、價格各異，本書嚴選 20 款不但美型且實用的好物給你參考。但無論如何，「在選擇時，感覺對了，就是適合你的木盤或砧板，請一定要好好地使用它！」• 文字：紀瑀瑄 • 攝影：Sam

● 圖示說明：$價格 ㉆尺寸 ㊍木種 ㊒製造地 ㊎哪裡買 ●尺寸標示為：【長 × 寬 × 厚】

01
W2 wood × work
日本櫸木砧板

源自台灣早期木造老屋拆卸下的日本櫸木所製成的天然砧板，讓木材自早期建築用途轉變為日常食器。每一塊砧板都保留了七八十年歷史紋理，表面經過打磨均勻塗裝保養油後，細看仍可發現日本櫸木細緻細孔，經常使用才是最佳保養之道。

Ⓢ NT.1,280 元 ㊇ 38.5cm × 19.5cm × 1.6cm
㊍ 日本櫸木 ㊔ 台灣 ㊖ W2 wood × work
www.w2woodwork.com；02-2737-3350

02
樂樂木
台灣相思木手作木餐板

符合單手拿握的實用尺寸設計，不需墊上紙巾即可直接將食物盛裝在盤面上。砧板採用台灣相思木，豐富多變的木紋肌理，平日以橄欖油或食用油簡易保養，將隨長期使用產生其獨特的變化。大面積的圓潤方正外型，非常適合盛放多種類的輕食。

Ⓢ NT.1,500 元 ㊇ 37cm × 23cm × 2cm
㊍ 台灣相思木 ㊔ 台灣 ㊖ 樂樂木
www.facebook.com/LeLeMu；04-2239-6708/0988-958-709

03
惜福股長
brie on baguette
柚木墊子

台灣職人手工打造砧板，保留柚木細膩的天然紋理，略帶圓潤的長方形邊角處理，則是細節處的質感展現。非常適合一字排開輕食料理，更是聚會款待好友的木作盛盤實用器皿。平日保養也僅需要表面塗上食用油類，放置在乾燥處即可長久使用。

Ⓢ NT.630 元 ㊇ 37cm × 11.5cm × 1.2cm
㊍ 柚木 ㊔ 台灣 ㊖ 惜福股長
www.facebook.com/sekifuku

04
小澤賢一
手工木製砧板

由日本木作職人小澤賢一手工打造，在製作前皆需歷時三至十年等待胡桃木原木乾透，才能細膩刨削成型。表面如波浪般細緻刻紋，更將職人手作特有溫潤質感與卓越技藝極致發揮。平日用作輕食盛裝時，需在表面加墊紙巾，亦可用作隔熱餐墊。

Ⓢ NT.1,800 元 ㊇ 含把手 28cm × 20cm × 1.4cm
㊍ 胡桃木 ㊔ 日本 ㊖ 小器生活道具
thexiaoqi.com；02-2552-7039

05
MUJI 無印良品
橡膠木砧板

圓弧外型搭配短柄握把，簡約中見細節。採用質地輕巧的橡膠木材，並在表面上油塗裝。顏色偏淺色的砧板，只需使用中性洗劑簡易清潔，再以冷水或溫水沖淨並用乾布擦拭即可。長時間使用後，透過軟布沾取食用油類再次擦拭即可恢復透亮光澤。

Ⓢ NT.570 元 ㊇ 18.5cm × 18.5cm × 2cm
㊍ 橡膠木 ㊔ 越南 ㊖ MUJI 無印良品
www.muji.com/tw；02-2762-8151

● 圖示説明：$價格 ⓡ尺寸 ㊍木種 ㊟製造地 ㊮哪裡買 ●尺寸標示為：【長 × 寬 × 厚】

06

Andrea Brugi
橄欖木砧板

由義大利木工職人 Andrea Brugi 巧手打造，採用義大利托斯坎尼樹齡逾四百年的頂級橄欖木材製成，保留木材原有樣貌所製成的日常木作食器為其創作最大特色。右側呈現斜切狀的砧板，搭配可吊掛收納的圓洞裝置，在樸實中體驗職人所注入的細節。

Ⓢ NT.6,480 元 Ⓡ 40cm×20cm×4.5cm
㊍ 橄欖木 ㊓ 義大利 ㊎ 小普羅旺斯
www.petiteprovence.fr；02-2768-1618

07

Les promenades
世界雜貨小舖
大地恩惠橄欖木砧板

完整保留橄欖木材原始紋理，盛產於歐洲與非洲的橄欖木本身質地偏硬，更因本身含油量高而有防水防蟲兩大功能，禁得起長時間的使用，而被廣泛用於餐廚器具製作。帶有粗獷質感與富含淡雅香氣，每月輕塗一次保養油類更能延長使用壽命。

Ⓢ NT.1,980 元 Ⓡ 33cm×22cm×2cm
㊍ 橄欖木 ㊓ 突尼西亞 ㊎ Les promenades 世界雜貨小舖
www.lespromenades-studio.com.tw；yuan.little@gmail.com

08

Chabatree Lyra
豆型木盤

採用專人管理的天然植木林區所出產的柚木，集結泰國精通木料特性與製作的木作職人，與美感獨樹一格的設計者，共同打造出的豆型木盤。如豆子般的小巧外觀，更賦予了柚木食器質感兼備的溫潤質感，擦拭食用油類定期保養即可長久使用。

Ⓢ NT.440 元 Ⓡ 21cm×14.2cm×1cm
㊍ 柚木 ㊓ 泰國 ㊎ a day GOODS
www.adaygoods.com

09

Berard 畢昂
手工橄欖木
長方型握把砧板

擁有百年歷史的法國職人製品，每塊木材皆經過嚴選並善用了本身特性，無拼接、無藥劑、無上漆、無塗裝，純手工的打造，為木作注入一分溫潤質感。紋理細膩的橄欖木，本身已蘊含了天然油脂，不易吸附外在濕氣，更兼顧了堅固與耐用。

Ⓢ NT.980 元 Ⓡ 26cm×12cm×0.7cm
㊍ 橄欖木 ㊓ 法國 ㊎ Access Wine & Living 餐廚酒具專門店
www.facebook.com/AccessWine；02-2736-0321

10

Designers Field
北歐風格皮環手把
拼色長砧板

真皮製皮環手把設計不僅方便拿取，不使用時也可掛在牆上作為裝飾。簡約的線條搭配白色系的手繪漆料，為溫潤的木作注入鮮活的視覺渲染。使用有「象牙木」美稱的橡膠木，色澤淡雅均勻，經過工藝師多道工序加工，不易變形開裂與發霉。

Ⓢ NT.1,980 元 Ⓡ 60cm×21cm×2cm
㊍ 橡膠木 ㊓ 泰國 ㊎ 瑪黑家居選物
www.storemarais.com/tw；02-2708-6167

葡萄提拉米蘇
recipe-p.076

季節水果沙拉盅
recipe-p.078

小農木碗沙拉

蘋果餅乾
recipe-p.079

有機草莓氣泡飲
recipe-p.078

tea time Table

09

在植物與雜貨包圍中，享受美好時光

被充滿植物及歐洲老雜貨等喜愛的物品圍繞著，女主人悄悄地將工作室打開，懷抱著「歡迎來我家」的心情，以預約方式提供下午茶時光，彷彿造訪友人家的自在感，體貼而周到地接待。

• 文字：黑兔兔 • 攝影：Evan • 食物造型：小珊手帖／黑貓工作室－張小珊

張小珊的木擺盤技巧

tips ❷ 木盤營造沈穩氣氛

木盤的彩度偏中間或較暗色，所以多運用食材原有的繽紛色彩來搭配最為合適，如果是暗色系的食材在木盤底下墊塊亞麻布就可以增加層次感。

tips ❷ 洋溢滿滿的花漾氛圍

小量使用新鮮的鮮花或是綠色的薄荷葉是小珊擺盤的特色，放在暗色系的木盤邊點綴一下，餐桌上的食物變身讓人怦然心動的料理與甜點。

tips ❷ 懷舊與新穎相互融合

儲藏於家中多年的老舊木盤搭配新購入的新穎細緻橄欖木砧板，雖然風格不相同，整體看起來沒有絲毫的突兀，呈現出完美的平衡，反而創造出平易近人的氣氛。

木盤 / 砧板選用

芒果木盤

是義大利職人 Andrea Brugi 所作，木料來自托斯卡尼。小珊多年前就在義大利雜誌上看到非常喜歡，後來在民生社區的店家發現。因為尺寸是長方形，最常拿來切麵包或是當盤子盛裝食物。

(長)48cm×(寬)16cm×(厚)2cm ／芒果木

橄欖木砧板

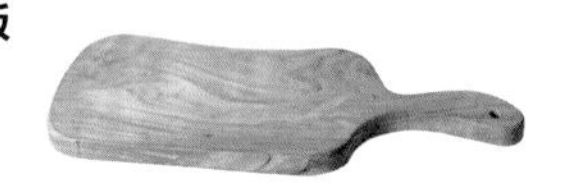

運用二手的松木層板架製成，淺色松木容易加工，可選用無毒環保的木頭漆，加工成自己喜歡的顏色。但仍應避免食物直接碰觸漆面。 把手部分亦可選用五金材質的把手，也別有一番風情。

(長)45cm×(寬)19cm×(厚)2.5cm ／橄欖木

漂流杉木板

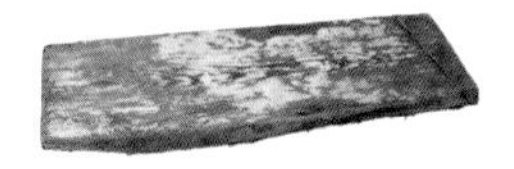

在海邊撿來的漂流木經過太陽高溫曝曬後呈現的不刻意營造的樣貌，讓人討喜增添視覺亮點，也成為餐桌上朋友討論的話題焦點。

(長)49cm×(寬)23cm×(厚)2cm ／杉木

Object | **芒果木盤、橄欖木砧板、漂流杉木板、柚木碗、旅行帶回的瓷盤、白色花瓶**

葡萄提拉米蘇

工作室還未對外開放時，小珊會以自己製作的提拉米蘇來招待好朋友們，加入了她最喜歡的香草料理是她擅長的料理方式，搭配咖啡或花茶，是一道大人味但又深受女生喜愛的下午茶甜點。

[材料]

馬斯卡朋乳酪 … 500g
手指餅乾 … 1 包
雞蛋 … 5 個
砂糖 … 100g
濃縮咖啡 … 150ml
水果白蘭地酒 … 30ml
可可粉 … 適量
檸檬皮（切絲）… 少許
芳香萬壽菊或其他香草葉 … 2 枝

[作法]

1. 將手指餅乾排好鋪在玻璃容器底層並將濃縮咖啡液加糖 10g 溶解後，用刷子將手指餅乾表面沾溼。再將白蘭地酒輕輕均勻倒入，必須讓手指餅乾充分吸入酒和咖啡液，再將馬斯卡朋乳酪放在室溫中回溫。**a**
2. (A) 將蛋黃、蛋白分開，蛋黃 5 顆和砂糖 50g 倒入攪拌盆，以打蛋器打至糖溶解，顏色變淺且蓬鬆後和馬斯卡朋乳酪均勻融合。**b**
3. (B) 蛋白 3 顆倒入另一個擦乾的攪拌盆中，40g 糖分次加入，以打蛋器打至乾性發泡，**c**
4. 接著把 (B) 慢慢用湯匙一點一點陸續倒入 (A) 中輕輕拌勻後再倒在手指餅乾上，以一層手指餅乾一層乳酪混合糊，依序重複兩次。**d**
5. 將可可粉過篩，均勻撒在表層，放上一串葡萄和香草葉，最後灑上檸檬皮絲放進冰箱冷藏凝固，約 3 小時即可。**e**

季節水果沙拉盅

[材料]

桃子…4 粒
小番茄…4 粒
奇異果…2 粒
葡萄…1 串
糖…200g
檸檬…1 顆
粉紅氣泡酒 … 30ml
新鮮薄荷葉 … 2 枝

[作法]

1. 水果洗淨瀝乾水分。將桃子小番茄切小塊；葡萄李子對半切去籽，奇異果削皮切片；放入有蓋容器中。
2. 將糖煮成糖水放涼備用擠入檸檬汁；新鮮薄荷葉切碎。
3. 將 2 糖水倒入水果裡，全部攪拌均勻放進冰箱冷藏靜置約 20 分鐘取出後加入葡萄後，倒入粉紅氣泡酒稍微攪拌裝飾薄荷葉完成。

蜜桃蘋果氣泡飲

[材料]（此份量約可煮成一大罐 600ml）

水蜜桃 … 3 顆
蘋果、檸檬 … 各 1 顆
砂糖約 … 60g
(視水果甜度調整)
氣泡水 … 1 杯
冰塊 … 少許

[作法]

1. 先將水蜜桃和蘋果洗淨削皮，去籽切碎倒入鍋中，加入砂糖以小火熬煮至軟，撈出浮沫，擠入半顆檸檬擠汁稍微再煮一下關火，即成果醬。
2. 準備玻璃杯，先倒入已放涼的果醬，加入冰塊至 9 分滿，再倒入氣泡水及少許檸檬汁。
3. 水蜜桃切片均勻置入。
4. 最後放入薄荷香蜂草數枝增添香氣。

蘋果餅乾

[材料]

無鹽奶油 … 100g
砂糖 … 50g
低筋麵粉 … 150g
蘋果（刨絲）… 1/2 顆
檸檬皮（磨碎）… 少許
蛋白 … 1 個

[準備動作]

奶油從冰箱取出放在室溫中軟化，麵粉過篩烤盤鋪上烘焙紙，烤箱預熱 180℃。

[作法]

1. 奶油和砂糖倒入攪拌盆中。用手輕輕混合拌勻成乳狀 (A)，再將蘋果絲的水分充份瀝乾和檸檬皮碎一起和 (A) 混合拌勻。
2. 再將蛋白攪開倒入加入低筋麵粉，用手混合到粉末不見為止。
3. 用湯匙當容器，將麵糊舀取一口大小盛好，一一排列放到烤盤上。利用叉子背面沾點油，將麵糊稍微按壓平整，並修整形狀大小。
4. 以 180℃先烤 15 分鐘，再調到 160℃烤 10 分鐘後取出，待冷卻即可。

Point
沒吃完的餅乾需放入密閉容器防潮保存。

妙家庭廚房
櫻桃果醬
妙家庭廚房
菠蘿與帶皮青檸果醬
檸檬薑汁氣泡水
recipe-p.083
烤卡蒙貝爾起司
recipe-p.083
香煎時蔬與水煮馬鈴薯
recipe-p.083

tea time Table

10

啟發味蕾的食材小宇宙

體驗食材的本質與味道其實可以很簡單，了解食材的個性，並且將彼此搭配得宜，即使是最簡單的料理方式都能自成一整桌豐盛好料。拋開料理框架，感受最原始單純的味覺體驗，這不只是一場開心的午後聚會，更是啟發味蕾的一趟漫遊。

• 文字：Irene • 攝影：Evan • 食物造型：妙家庭廚房－Miao

Miao 的木擺盤技巧

tips ❶

烤卡蒙貝爾起司為核心

在這道料理中烤卡蒙貝爾起司可以說像是太陽一樣是所有食材的核心，將起司置於擺盤的中心點，讓所有食材都圍繞周圍，方便取食。

tips ❷

同類型的食材聚集在一起

將生蔬、熟蔬、臘腸、水果、果醬、巧克力、麵包等食材依不同的屬性與鹹甜口味分類，並選用不同的砧板與餐具做區隔，創造豐富但有系統的餐桌景色。

tips ❸

用杯子延伸垂直空間

除了將食材平面展開，利用杯子聚集部分食材，延伸垂直空間與堆疊視覺層次，例如將麵包縱切置於大型玻璃皿中，以及將臘腸放置於玻璃小杯中，都有同樣的意義。

木盤 / 砧板選用

這次所使用的 3 塊木砧板，最大塊的不規則形木砧板是南投製作手工藝的友人所贈送的，完全沒有經過處理，保留了原始而粗獷的木頭質感；橢圓形的小木砧板是在日本旅行時帶回的戰利品；唯一一塊烙有品牌的長型木砧板則是早些年在天母的餐廚用品專賣店所購得，可惜那家小店現在也已經結束營業了。

不規則厚木砧板

(長)40 cm×(寬)26 cm×(短邊)17 cm×(厚)3cm ／非洲花梨

Grade Manger 木砧板

(長)35 cm×(寬)16cm×(厚)1.2cm ／楓木

橢圓形薄木砧板

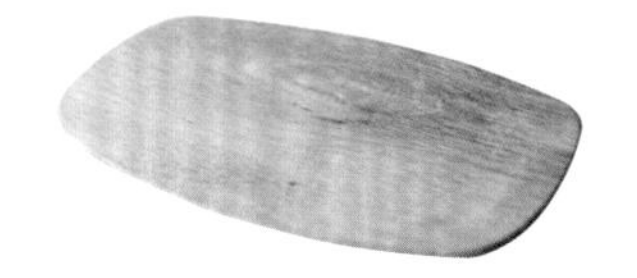

(長)20 cm×(寬)8 cm×(厚)1cm ／橡木

[**Object** | 橢圓形薄木砧板、不規則狀厚木砧板、Grade Manger 木砧板、Weck 玻璃罐、Falcon 藍邊琺瑯圓盤、iittala 玻璃杯]

卡蒙貝爾起司與各式食材

卡蒙貝爾起司是一種自然熟成的白霉起司，起源地為法國諾曼地。卡蒙貝爾起司表層覆有一層堅硬的外皮，內餡柔軟，經過加熱之後則會融化為流體狀，猶如炙熱的岩漿一般，獨特森林野菇般的香氣適合搭配各種不同種類的食材一起享用。

[**材料**]（約 4 至 6 人份）

卡蒙貝爾起司
（Camembert Cheese）… 1 盒
苦甜巧克力… 1 片
帶皮玉米筍… 4 支
櫛瓜… 1 條
黃甜椒… 1/4 顆
櫻桃蘿蔔… 8 粒
小黃瓜… 1 支
彩色小胡蘿蔔… 4 支
拖鞋麵包… 1 條
法國風味臘腸粒… 1 盒
西班牙風味臘腸棒… 1 盒
新鮮青葡萄… 1 串
妙家庭廚房自製果醬… 2 罐

飲料

檸檬汁… 30 ml
妙家庭廚房自製薑汁糖漿
… 45~60 ml
水與冰塊… 300 ml

Point

卡蒙貝爾起司與各式食材都可以相互搭配，例如巧克力沾著起司，麵包搭配果醬與風味臘腸，任何排列組合都是成立的，吃法非常自由隨興。甚至單獨品嚐櫻桃蘿蔔的微甜辛嗆後，也會很自然地想要沾口濃郁的起司平衡一下，所有組合都非一成不變，可依手邊方便取得的食材為主。

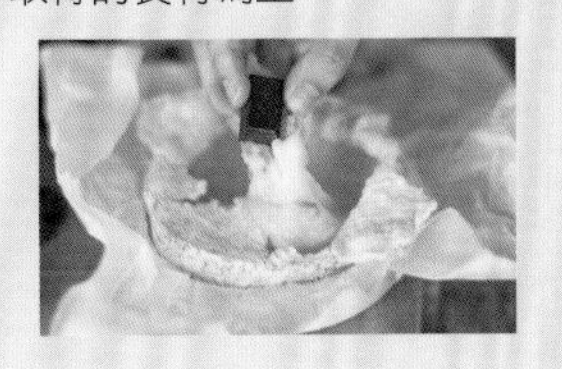

[**作法**]

1. 烤箱預熱 180℃，預熱 10 分鐘。將烤卡蒙貝爾起司外包裝紙拿掉，將烘焙紙舖在木盒上，起司放回盒裡，蓋上木蓋，進烤箱烤約 18 分鐘，直到手輕壓起司中心，有溫熱和軟化，自烤箱取出後起司需靜置約 12 分鐘後，食用時以十字型切開起司上皮。

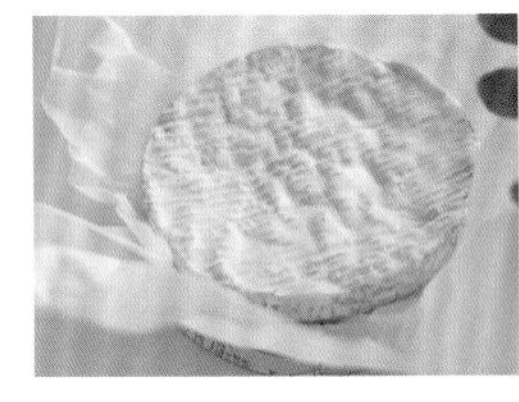

2. 處理所有搭配食材，包含刷洗小馬鈴薯，以冷水蓋過馬鈴薯，煮到馬鈴薯軟。清洗葡萄、蔬菜，小黃瓜刨片後捲起來，玉米筍與切片櫛瓜乾煎上色、準備果醬、將巧克力剁碎，烤麵包並縱切。

3. 檸檬擠汁，與薑汁糖漿均勻攪拌後加入氣泡水、冰塊與切片檸檬即可。

迷你花圈蛋糕
Look Luke
桂花抹茶小山
丘磅蛋糕
recipe-p.086
日曬耶加雪菲
咖啡豆
手沖冰咖啡
recipe-p.088

tea time Table 11

自然展露笑容的午後時光

一條單純美味的磅蛋糕加上一杯手沖冰咖啡就足以將那些煩惱之事暫時隔絕在外。用緩慢的心情品嚐手沖冰咖啡入口之後的層次變化以及手作蛋糕的用心與細緻，療癒的感覺所說的從來都是一種心境。

• 文字：Irene • 攝影、食物造型：Look Luke－Willie & Luke

Willie & Luke 的木擺盤技巧

tips 1 白色棉麻桌布襯底

如果喜歡自然清新的餐桌氛圍，棉麻材質的白色桌巾是很好的選擇，就像是白色的畫布，能夠恰如其分的凸顯出器皿與料理的質地與特色。

tips 2 多種形狀的搭配組合

為了呈現清爽雅緻的氛圍，餐具器皿都以低彩度的顏色為主，但仍可利用不同的形狀增加豐富的層次，如不規則的木砧板、八角形的玻璃杯等等。

tips 3 利用小盆栽植物點綴

盆栽植物不但能為生活帶來樂趣，也適合做為餐桌佈置的點綴，但選擇時應考量整體的搭配性，避免喧賓奪主。

木盤 / 砧板選用

小澤賢一木製托盤

小澤賢一的木砧板是質地堅硬的核桃木，正面有著明顯的木刻痕跡，而平坦的背面則可當作砧板使用。

(長)19cm×(寬)12.5cm ×(厚)2cm ／核桃木

球拍狀木製砧板

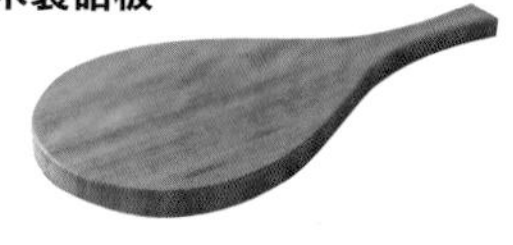

球拍造型的木製砧板造型富有趣味性，是旅行中的戰利品，圓拍的部分非常適合盛放圓形的蛋糕。

個人收藏 ／(長)16cm×(寬)11cm× (厚)1.5cm

Chabatree 木製砧板

泰國品牌 Chabatree 的木製砧板為相思木，擁有深淺相間的自然木紋，並以幾何切角創造出獨特的造型，價位平實，具有設計感。

(長)21.25cm×(寬)10、11、6、16 cm×(厚)1.8cm ／相思木

Object | Chabatree木製砧板、Chabatree 木製量匙小澤賢一木製托盤、球拍狀木製砧板、[bi.du.hæv] Greeting Coffee Stand、灰白釉燒瓷盤、八角形透明玻璃杯

桂花抹茶小山丘磅蛋糕

「入秋的抹茶山，染上一頭桂花黃」，這是桂花抹茶小山丘的詩情畫意。清爽不膩口，選用日本進口抹茶粉以及客家莊的桂花釀，抹茶與桂花的清香不搶戲的彼此交融，即便是在炎熱的夏季也彷彿能嗅到秋天的氣息。

[材料]

低筋麵粉 … 100g
無鋁泡打粉 … 3g
無鹽奶油 … 100g
白砂糖 … 80g
全蛋 … 2 顆
桂花釀 … 25g
牛奶 … 10g
抹茶粉 … 7g

Point

製作前需先將奶油、雞蛋與牛奶放置於室溫。入烤箱前需預先於烤模內部刷上一層薄薄奶油後再均勻鋪上麵粉，方便脱模。

[作法]

1. 麵粉與泡打粉過篩後備用。a
2. 將奶油加入砂糖以手持攪拌器打發至顏色發白，看不見砂糖顆粒，呈乳霜狀。b
3. 將全蛋打散，與桂花釀、牛奶相混。分 3~4 次加入奶油之中，每次加入後都充分均勻攪拌乳化。c
4. 加入過篩的麵粉，使用切拌手法，拌合至麵糊出現光澤即可；取局部原味麵糊倒入模型中，作為山頂的部分。d
5. 將抹茶粉篩入剩餘麵糊中拌合，隨後倒入模型中，約八分滿。e
6. 以上火 180℃、下火 160℃的烤箱烘烤約 30 分鐘，以竹籤戳入蛋糕內部，無沾黏即烘烤完成；待冷卻後，即可脱模。f

手沖冰咖啡

來杯手沖冰咖啡吧！這是屬於夏天的高級享受，在緩慢而優雅的注水過程中，被咖啡的香氣包圍；在入口的冰涼中感受著苦與酸的層次以及蘊藏其中的甘甜芬芳，讓嗅覺與味覺都獲得了最大的滿足。

[材料]

日曬耶加雪菲咖啡豆 … 40g
冰塊 … 300g

[作法]

1. 咖啡豆研磨成粉。**a**
2. 放置濾紙，沖水洗去紙漿氣味後，將下壺清水倒掉，再將冰塊放入下壺。**b**
3. 放入研磨好的咖啡粉並整平，注入約略與咖啡粉等量的熱水，燜蒸膨脹 30 秒之後，接著用由內而外，再由外而內的方式，來回的緩慢注水萃取。**c**
4. 淬出約 300ml 的咖啡後完成萃取。**d**

a

b

c

d

Point

咖啡萃取的總時間控制在 3 分鐘左右，風味最為濃郁甘甜。

原味戚風蛋糕
recipe-p.093
蜂蜜漬檸檬
氣泡飲
recipe-p.093
抹茶瑪德蓮
recipe-p.092

tea time Table
12

重返純真，放學後的甜蜜記憶

放學後的時光是童年最快樂的片刻，會在回家路上的雜貨店偷買零食，也會期待家裡準備的歡迎點心。找一個悠閒的下午時光，自己動手做甜點，重返最純真也最美好的甜蜜記憶。

• 文字：Irene • 攝影：哈利 • 食物造型：哈利

哈利的木擺盤技巧

tips ❶
以方便取用的餐桌動線為主

豐盛的甜點設計主要是為了讓兩位小朋友放學後可以享受到親手做的烘焙，餐桌動線與擺盤以平均分配，可以方便取用為主。

tips ❷
圓點花布增加童趣

圓點帶給人童趣、甜感的意象，與餐桌風格的出發點十分符合，因此使用圓點花布呼應整體氛圍。

tips ❸
簡單花器增加餐桌氛圍

選用家中既用的簡單花器作為點綴與佈置，轉換小朋友放學後的心情，讓親子的相聚的時光更多了溫暖的記憶點。

木盤／砧板選用

惜福股長 魔杖長柄木砧板

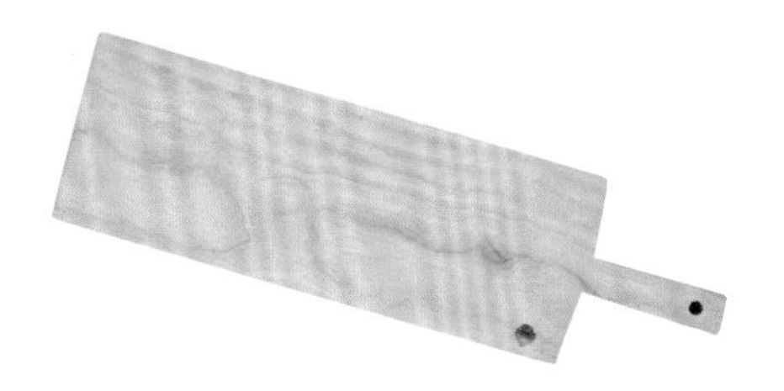

惜福股長的魔杖長柄木砧板造型簡單，長條型的形狀很適合放置小型的點心，像是瑪德蓮、或是杯子蛋糕等等。栓木的硬度高、木紋的走向也能清楚看見，可以感受到木頭較原始的狀態。因為本身顏色較淺加上表層幾乎沒有塗層處理，因此使用時需要特別小心沾到深色的醬汁或是油漬。

(長)25×(寬)19×(厚)1cm／栓木

Object | 惜福股長木製砧板、圓形木盤、玻璃透明杯、褐色玻璃花器

抹茶瑪德蓮

[材料]

低筋麵粉 … 100g
無鋁泡打粉 … 2 小匙
抹茶粉 … 5g
砂糖 … 100g
無鹽奶油 … 130g
蛋 … 100g
牛奶 … 30 ml

[作法]

1. 無鹽奶油加熱融化成液態奶油。**a**
2. 雞蛋和砂糖已打蛋器攪拌均勻至砂糖溶解。倒入融化奶油和牛奶拌均勻。**b**
3. 低筋麵粉、泡打粉、抹茶粉過篩後加入。**c**
4. 將麵糊拌勻出現光澤即可。**d**
5. 將麵糊倒入模型中，以兩支湯匙整型。**e**
6. 烤箱預熱，並以上火 200℃烤約 1 5 分鐘，觀察表面隆起的狀況，待冷卻後，即可脫模。**f**

Point

1 瑪德蓮的製作重點在於完整的脱膜，建議選擇較好的烤模，讓造型完整。 2 麵糊建議冷藏一晚。

原味戚風蛋糕

Point

出爐後要倒扣幾小時比較好脫膜。

[材料]

低筋麵份 … 70g
砂糖 … 60g
沙拉油 … 50ml
牛奶 … 60ml
蛋 … 4 顆

[作法]

1. 麵粉過篩備用；小鍋中放入牛奶與沙拉油以小火加熱。
2. 打發蛋白，先用攪拌器打到澎鬆，分批加入糖一起攪拌，直到呈現細緻綿密，以刮刀刮起不會掉落的狀態。
3. 麵粉加入牛奶與沙拉油中，並加入蛋黃拌勻。
4. 蛋白霜分次加入蛋黃麵糊中，直到完全攪拌均勻。
5. 完成的麵糊放入 17cm 的烤模中，以 180℃烤約 30 分鐘，期間隨時觀察狀況。

蜂蜜漬檸檬氣泡飲

[材料]

黃檸檬 … 1~3 顆　白砂糖 … 30g
蜂蜜 … 適量　嫩薑 … 1 大塊

[作法]

1. 檸檬洗淨切片。
2. 以一層砂糖、一層檸檬與嫩薑的方式置於玻璃罐，冷藏醃漬 1~3 天。
3. 醃漬完成後可加入氣泡水或茶飲用，也可視個人口感加入蜂蜜。

Point

醃漬過程中完全不能碰到油或水，容易變質。

PICK UP 木盤・砧板選物 20－2

• 文字：紀瑀瑄 • 攝影：Sam

● 圖示說明：Ⓢ價格 Ⓡ尺寸 Ⓦ木種 Ⓟ製造地 Ⓑ哪裡買 ●尺寸標示為：【長 × 寬 × 厚】

11

什物戀
橄欖木彎把板盤

符合單手拿握的小巧尺寸設計，富含曲線的外觀造型，搭配天然的橄欖木紋，名廚 Jamie Oliver 更常用它盛盤上桌。以整塊實木材製作的木砧板，搭配 2.5 公分厚度，使用手感更為紮實。橄欖木本身不易發霉的特性，非常適合盛放料理後的肉類、麵包、輕食。

Ⓢ NT.1,499 元 ㊀ 32cm × 16cm × 2.5cm
㊍ 橄欖木 ㊫ 義大利 ㊚ 什物戀
www.facebook.com/PMEUP

12

Andrea Brugi
橄欖木砧板

來自義大利托斯卡尼地區，樹齡逾四百年的頂級橄欖木，並由義大利木工職人Andrea Brugi 巧手打造。尊重天然、不重雕琢，他的創作讓所有的砧板外觀都保有其原始的天然樣貌。橄欖木不易發霉，易於長久保存，只要輕塗食用油類即可長久使用。

Ⓢ NT.5,480 元 ㊀ 42cm × 24.5cm × 1.5cm
㊍ 橄欖木 ㊫ 義大利 ㊚ 小普羅旺斯
www.petiteprovence.fr；02-2768-1618

13

樂樂木
愛心餐板

半圓形的小巧外型，適合盛放單片切片麵包或蛋糕，搭配咖啡茶飲一同享用。採用了歐洲山毛櫸的材質，搭配食用級護木油塗裝，平日只需輕塗上橄欖油保養即可。淺色系的砧板盤面，清晰可見歐洲山毛櫸的細緻紋理，淺色色澤更添一分淡雅質感。

Ⓢ NT.500 元 ㊀ 26.5cm × 22cm × 2cm
㊍ 歐洲山毛櫸 ㊫ 台灣 ㊚ 樂樂木
www.facebook.com/LeLeMu；04-2239-6708/0988-958-709

14

VJ Wooden
手工木製魚形砧板

造型可愛的魚形砧板，承襲北歐的設計法則，簡約之中帶點玩心。嚴選芬蘭北部出產松木，透過當地工匠巧手打造，貫徹設計和製造皆由芬蘭出品。表面皆無塗裝化學塗料，即能以最純粹的方式呈現出日常美，使用完畢更僅需要以食用油擦拭即可。

Ⓢ NT.800 元 ㊀ 37cm × 21cm × 1.7cm
㊍ 松木 ㊫ 芬蘭 ㊚ KukuButik
kukubutik.com

15

KINTO BAUM
長形木製服務板

外觀小巧的長形木製服務板，適合盛裝開胃小菜、擺放切片麵包與起司。使用色澤偏淺色系的楓木木材製成，表面保有其原有的天然紋理。位於側邊的圓洞設計為簡約的木製服務板增添一絲設計感，容易拿取使用，更便於吊掛收納。

Ⓢ NT.1,160 元 ㊀ 29cm × 13cm × 1.8cm
㊍ 楓木 ㊫ 中國 ㊚ ADDONS 哎喔購物網
www.addons.com.tw；06-590-4983

● 圖示說明：$價格 尺尺寸 木木種 產製造地 買哪裡買 ●尺寸標示為：【長 × 寬 × 厚】

16

Bonbonmisha
義大利火腿爸爸橄欖木

選用義大利南部的橄欖木，由於木材質地偏硬，製程需要經過精密手工打磨，都是集百年的天然藝術品。天然古老的豐富樹紋，每一片都有迷人帶著溫度的手感，凹槽設計可防止切肉湯汁溢流桌面，極具生活便利性的實用功能。

Ⓢ NT.3,500 元 ㊀尺 45cm×26cm×2cm
㊍ 橄欖木 ㊀產 義大利 ㊀買 Bonbonmisha
www.bonbonmisha.com；04-2376-2125

17

d&b
紅橡木麵包切板

三角形的外型，選用紋理將隨時間越顯美麗的北美紅橡木材，由台灣在地職人手工細緻打磨。除了用作一般麵包輕食呈盤，更可當作隔熱餐墊一途。短柄握把附有真皮皮繩，平日吊掛收納更為方便。表面採用無毒保護油料塗裝，同時兼顧防潮防霉。

Ⓢ NT.780 元 ㊀尺 38cm×18cm×1.5cm
㊍ 北美紅橡木 ㊀產 台灣 ㊀買 dog & banana
www.pinkoi.com/store/dogandbanana

18

木們x+zoom-
馬來貘動物造型
砧板食器盤

與擅長舊原料再利用的綠色品牌 +zoom- 的合作款式，馬來貘的可愛外型無論送禮自用都很討喜。簡約的線條搭配櫸木與胡桃木深淺板材拼接而成，為日常的木作食器增添豐富的層次感。表面經過細緻打磨，平滑的觸感與均勻的紋理，讓質感更加倍。

Ⓢ NT.780 元 ㊀尺 37cm×17cm×1.5cm
㊍ 櫸木＋胡桃木 ㊀產 台灣 ㊀買 木們 Moment
www.woodmoment.com.tw

19

W2 wood×work
緬甸柚木砧板

長方形的設計不僅方便一次擺放多種食物，平日也可用作桌面擺飾底盤一途。四角方正的簡約線條，搭配色系偏深的緬甸柚木，沈穩外觀平實耐看。表面經過細緻打磨處理，砧板外側仍保有了早期老屋拆卸時的木材塗裝痕跡，更添一絲歲月質感。

Ⓢ NT.2,000 元 ㊀尺 36.5cm×21cm×2.1cm
㊍ 緬甸柚木 ㊀產 台灣 ㊀買 W2 wood×work
www.w2woodwork.com；02-2737-3350

20

木質線
北美硬楓木砧板

適合一人享用的小巧尺寸，圓弧曲線的盤身邊緣經過長時間的打磨處理，更顯圓潤溫暖質地。採用帶有水波紋路的北美硬楓木，木材本身即有白皙透亮帶點淺棕色澤特性，每一塊木砧板都保留木材原有天然紋理，經打磨後便能呈現光亮效果。

Ⓢ NT.2,600 元 ㊀尺 34cm×14cm×1.5cm
㊍ 北美硬楓木 ㊀產 台灣 ㊀買 木質線
www.facebook.com/woodline

北非小米藜麥沙拉
recipe-p.106
南瓜酸奶濃湯
recipe-p.107
法式紅酒燉牛肉
recipe-p.102
經典肉醬千層麵
recipe-p.104

Party Table

13

賓主盡歡的歐陸經典美味

親朋好友來訪，端上一桌好料理，展現好手藝也展現主人家的誠意。豐足的佳餚重視搭配上的均衡，清新開胃的沙拉先打頭陣，其他經典美味接續擺盤上桌，賓主盡歡，留下值得回味的歡樂時光。

• 文字：Irene • 攝影：Evan • 食物造型：NC5 STUDIO－Nancy

Nancy 的木擺盤技巧

tips ❶ 中心點綴新鮮香草

料理上桌前可在每道菜色中心點綴新鮮香草葉，增添自然氣息，也讓每道料理都有一致性的視覺聚焦點。

tips ❷ 重視主菜與配菜的均衡

將主菜法式紅酒燉牛肉獨立擺放，其他配菜統一放置於橢圓形木砧板上，讓主菜與配菜形成均衡的呼應關係。

tips ❸ 選擇與料理風味互相搭配的桌巾

選用顏色繽紛的花式圖騰桌巾襯托同樣帶有異國風味的料理，營造熱情歡樂的用餐氣氛。

木盤 / 砧板選用

LEE WOODS 橢圓形胡桃木砧板

法式紅酒燉牛肉與傳統肉醬千層麵都屬於風味濃郁且厚重紮實的料理品項，因此選擇顏色沈穩的深胡桃木砧板襯托，呈現經典優雅的料理質感。這塊砧板為 LEE WOODS 的專屬品項，取名於家族的姓氏「李」，也有「禮物」諧音之意。家族從事家具製造產業已超過 40 年，第三代接手經營後認為木砧板不但實用性高也能襯托出料理的質感，進而著手開發相關產品線。為追求品質，以高規格的工藝精神對待每件產品，經歷多次手工打磨，確保每一個細節與表面都光滑細緻如肌膚觸感才算完成。

NT.3,850 元／（長）38.5cm×（寬）33cm ×（厚）2cm ／胡桃木

Object ｜ LEE WOODS 橢圓形胡桃木砧板、Zara Home 變形蟲印花餐巾、Le Creuset 迷你橢圓烤皿、PiiN 品東西白色蕾絲深盤、IKEA 紅色方形烤皿、IKEA 白色花型小皿

法式紅酒燉牛肉

法式紅酒燉牛肉是一道非常經典的法國菜，來自著名的紅酒產區勃根地，在勃根地幾乎每個家庭都有自己的家傳食譜，電影《美味關係 Julia and Julie》中也表現出了其經典又迷人的風采，雖然看似複雜，但只要前置工作完成，剩下的就只需要交給時間來燉煮，因此非常適合作為宴客菜的選擇。

[**材料**]（約 4 人份）

牛腩 … 800g
橄欖油 … 2g
紅酒 … 250cc

A
- 洋蔥 … 1/2 顆
- 紅蘿蔔 … 1/2 條
- 西洋芹 … 3 支
- 蒜頭 … 5 瓣

B
- 番茄糊 … 200ml
- 牛肉高湯 … 350ml
- 乾燥月桂葉 … 3 片
- 新鮮百里香 … 6 小枝
- 新鮮迷迭香葉 … 5g

豌豆 … 20g
鹽 … 1g
黑胡椒 … 1g

[**作法**]

1. 鍋中放入橄欖油，以中大火熱鍋後，放入紅酒醃製過的牛肉，雙面煎煮 5-7 分鐘，並以黑胡椒與鹽巴調味後起鍋，備用。**a**
2. 在同一鍋中加入 **A** 加熱拌炒，以鹽和黑胡椒調味，加熱直到蔬菜變色即可。**b**
3. 加入中筋麵粉拌炒 2 分鐘，再緩緩倒入紅酒。**c**
4. 加入 **B**，大火煮滾。**d**
5. 加入備好的牛肉，大火煮滾後，蓋上鍋蓋以小火燉煮約 2.5 小時。後打開鍋蓋，改以中火加熱，並加入冷凍青豆煮 2 分鐘即可上桌。**e**

Point

牛腩至少以紅酒醃漬超過 3 小時才能讓風味滲透，如果可以前一天先放入冰箱醃超過 8 小時會更入味，紅酒的選擇以勃根地產區為佳，或是選擇酸味較重的也可以。若使用鑄鐵鍋，燉煮的步驟則可放置於烤箱中以 180℃ 烤 2.5 小時取代。

經典肉醬千層麵

[肉醬材料]（約 4 人份）

蒜末 … 10g
洋蔥（切丁）… 1/4 顆
豬絞肉 … 500g
新鮮番茄（切丁）… 1/2 半顆
番茄糊 … 50ml
紅酒 … 100ml
洋菇 … 100g
新鮮迷迭香葉 … 2g
黑胡椒 … 1g
鹽 … 2g

[千層麵材料]

鹽 … 1g
橄欖油 … 10g
千層麵皮 … 6 片
瑞可塔起司（Ricotta cheese）… 30g
起司絲 … 10 g
新鮮羅勒葉 … 8 片

[肉醬作法]

1. 蒜頭跟洋蔥炒香，約 5 分鐘，直到呈現焦黃色。**a**
2. 加入豬絞肉，用木匙攪拌，直到熟透。**b**
3. 加入新鮮番茄、番茄糊、洋菇及紅酒燉煮。**c**
4. 再加迷迭香、羅勒、黑胡椒與鹽調味。**d**
5. 用小火燉煮入味（或蓋上鍋蓋燜煮），約 1.5 個小時完成後備用。**e**

a

b

c

d

e

[千層麵作法]

1. 烤箱 180℃事先預熱 10 分鐘。
2. 水中加入鹽和橄欖油，千層麵皮煮大約 8 分鐘，麵皮變軟四周捲起，呈半透明狀，即可夾起。**a**
3. 在烤皿上先塗上一層橄欖油後，依序鋪上麵皮、肉醬與瑞可塔起司，重複此動作。**b**
4. 在最上層撒上起司絲與羅勒。放進烤箱 180℃烤 30 分鐘，直到最上層起司絲融化並呈現漂亮的焦糖色。**c**

Point

剛煮好的麵皮表面吸附過多水份，可以用餐巾紙或料理用的棉布將表面水份吸乾。千層麵烤好後需要靜置約 15 分鐘左右再做切分，不然容易散開。食用時可以刨少許的帕馬森起司增加風味。

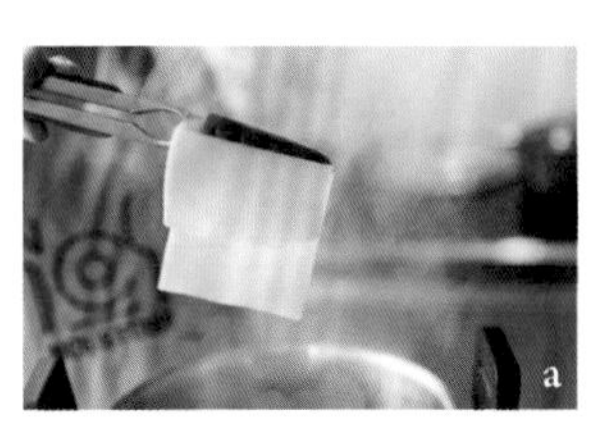
a

b

c

北非小米藜麥沙拉

[材料]

北非小米 … 250g
藜麥 … 150g
雞高湯 … 1 杯
綠橄欖 … 3 粒
紫洋蔥 … 1 顆
風乾番茄 … 少許
新鮮小番茄 … 30 顆
希臘菲達起司 … 1 包

醬汁

芥末籽醬 … 2 茶匙
橄欖油 … 2 茶匙
巴薩米可醋 … 2 茶匙
檸檬汁 … 1/2 顆
鹽、胡椒 … 各少許

[作法]

1. 雞高湯煮滾，放入北非小米與藜麥，燜煮約 8 分鐘，後置涼備用。
2. 小番茄、風乾番茄、橄欖切半，紫洋蔥切絲泡冷水 10 分鐘。
3. 將 2 的食材加入放涼的小米與藜麥中。加入希臘菲達起司。
4. 將芥末籽醬、橄欖油、巴薩米可醋混合，加入沙拉中。
5. 加入檸檬汁、鹽與黑胡椒調味即可。

Point

這道沙拉可以事先完成，靜置於冰箱 2 小時以上（或前一晚完成放至隔天），北非小米與藜麥能因此吸附較多的醬汁，各種食材的風味也將更為融合、飽滿。除了單獨食用外，也建議包著蘿蔓生菜一起吃，口感更為爽脆。

南瓜酸奶濃湯

[材料]

洋蔥（切丁）… 1 顆
胡蘿蔔（切丁）… 1/2 根
芹菜 … 2 支
南瓜 … 500g
橄欖油 … 1 茶匙
鼠尾草 … 1 茶匙
新鮮百里香 … 2 小枝
雞高湯 … 700ml
鮮奶油 … 60ml
鹽 … 0.5g
胡椒 … 0.3g
酸奶 … 10g

[作法]

1. 南瓜切塊先用電鍋蒸熟，備用。
2. 將南瓜泥放入鍋中，加入雞高湯、鼠尾草、百里香，轉中小火慢慢煮 15 分鐘。
3. 鍋中先加橄欖油，再加入洋蔥、胡蘿蔔、芹菜，燉煮大概 5~7 分鐘直到蔬菜半透明狀。
4. 用手持攪拌器或食物調理機將蔬菜打至糊狀。
5. 加入鮮奶油、鹽與胡椒稍許調味，以小火煮並緩慢攪拌，約 2 分鐘即可。

Point

上桌前加入酸奶裝飾，也可以使用麵包丁做為點綴或是和長棍麵包一起食用。

香料地瓜脆片
recipe-p.113
柳橙薄荷冰茶
recipe-p.112
蒜味蘑菇
recipe-p.110
香蔥酸奶醬
recipe-p.112

Party Table
14

自在輕盈的義式麵包小點拼盤 Crostini

Crostini 在義大利是指小圓切片麵包的意思，也延伸為做開胃小點之意，
這整桌豐盛的 Crostini 完全使用蔬食食材，不但絲毫不減飲食的樂趣，
更從味蕾到身體都享受著前所未有的輕鬆自在，即使大口吃下也絲毫沒有罪惡感。

• 文字：Irene • 攝影：Evan • 食物造型：JAUNE PASTEL 鵝黃色甜點廚房 – Wendy & Sean

Wendy & Sean
的木擺盤技巧

tips 1
聚與散的分配

以麵包為主食，所有的配菜與沾醬都可以搭著麵包一起吃，因此擺盤時以聚與散的分配營造豐盛的感覺。除了將主要料理聚集於同側外，也可以事先完成不同的組合搭配，放置於個別盤中及長型砧板上，方便直接食用。

tips 2
將調味料單獨放置

蔥、蒜、辣椒粉、醃鹹菜等調味材料可以單獨放置於小盤中，每個人都能依照自己的口味取用，也能將所有適合搭配的調味料展示出來。

tips 3
善用柳橙與綠檸檬的風味與顏色

柳橙與綠檸檬的風味一甜一酸，不但在調味時可以相互搭配使用，讓兩種不同顏色產生視覺效果。

木盤 / 砧板選用

這兩塊木砧板都是由 Sean 親手完成的，帶有把手的長型木砧板的前身是抽屜的板材，而表面斑駁歷經滄桑的舊木則是回收的廢木。Sean 認為被丟棄的木材中有時候不乏好的木材，很適合再生利用作為木砧板，不僅環保也很耐用。

手工自製木砧板

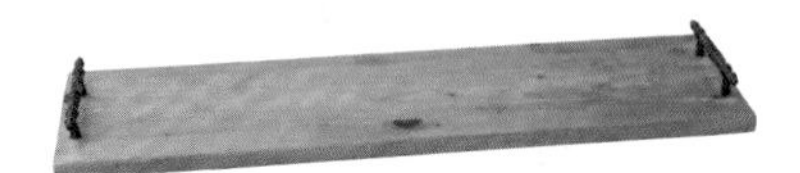

個人收藏／(長)58cm×(寬)21cm×(厚)1.2cm／抽屜板材

個人收藏／(長)25cm×(寬)10cm×(厚)3cm／回收舊木

[**Object** | 自製抽屜砧板、自製舊木砧板、Creat & Barrel 白色瓷碗、透明威士忌杯、二手市集陶瓷盤]

蒜味蘑菇

蘑菇常常被人當作是蔬菜界中的牛排，不但營養價值高也提供了足夠的蛋白質，是重要且常見的蔬食食材。這道料理以洋蔥與大蒜拌炒，以高湯提味、香料點綴，不但本身香氣十足，適合與其他輕食小點搭配，也成為餐桌上的味覺重點。

a

b

c

d

e

[**材料**]（4 人份）

葡萄籽油 … 1 大匙
洋蔥丁 … 1 杯
（約 1/2 顆）
大蒜切碎…4~6 瓣
蘑菇（切成 4 等分）
…6 杯
海鹽…少許
現刨黑胡椒 … 少許
高湯 … 3~4 大匙
蝦夷蔥碎 … 少許

[**作法**]

1. 取一個平底鍋，放入油和洋蔥，以中小火加熱拌炒約 10 分鐘，直到洋蔥呈現半透明狀，並稍微上色。**a**
2. 放入大蒜，拌炒約 30 秒或直到飄出香味。**b**
3. 放入蘑菇，並調整至中火，讓蘑菇在鍋中靜置一下，使其上色。加入少許海鹽和黑胡椒，快速搖晃鍋中的食材，並稍微拌炒避免黏鍋。**c**
4. 加入高湯，拌炒食材至鍋子中的液體幾乎收乾，大約 3~5 分鐘，**d**
5. 拌入蝦夷蔥碎或喜歡的香料即可。**e**

Point

拌炒洋蔥的過程很重要，為了避免燒焦，可不時攪拌讓洋蔥可以均勻地熟化與上色。除了高湯以外也可以白酒替代，增加淡淡的酒香。

Point

所加入的調味與水份沒有嚴格的比例限制，建議先少量分次加入，並於過程中嘗試味道與濃稠度，以調整到自己最喜歡的狀態。製作好的酸奶醬冰過後風味更佳，冷藏約可保存一個星期。

香蔥酸奶醬

[材料]

生腰果 … 1 杯
過濾水 … 1/2 杯
黃檸檬汁 … 1 大匙
綠檸檬汁 … 2 大匙
海鹽 … 1/4 小匙
黑胡椒 … 少許
青蔥碎 …1 又 1/2 大匙

[作法]

1. 生腰果於前一天冷水浸泡隔夜，使用時需瀝乾。
2. 將生腰果放入果汁機中，加入水，攪打成柔順細緻的泥狀。
3. 分次加入黃檸檬汁、綠檸檬汁、海鹽和黑胡椒於攪打好的腰果泥中。
4. 將酸奶醬倒在小碗中，拌入切碎的蔥，倒入密封容器中放冷藏保存。

柳橙薄荷冰茶

[材料]

二砂糖 … 1~2 大匙
薄荷葉 … 5 支（約兩小把）
柳橙、綠檸檬 …各 1 顆
柳橙汁 … 2 杯
冰紅茶 … 2 杯
冰塊 … 少許（可省略）

[作法]

1. 將柳橙與綠檸檬的各 1/4 顆切成扇形小丁裝飾用，其餘切成大塊狀。
2. 取 1 個大容量的厚底杯子，加入二砂糖和薄荷葉，將其搗碎。放入柳橙丁和綠檸檬丁，繼續搗至果汁釋出，並和糖溶解在一起，試吃一下味道，如果有需要就再加些糖。
3. 取 1 個至少 1 公升的量杯，上頭架上篩網，將 1 的食材過篩至量杯中，倒入柳橙汁和紅茶，攪拌均勻。
4. 取 4 個威士忌杯，放入冰塊，並平均放入少許柳橙丁與檸檬丁，倒入調好的冰茶，最後將薄荷葉在手中拍一下，裝飾在杯緣即完成。

香料地瓜脆片

[材料]

中型黃肉地瓜
… 2 顆（約 500g）
孜然 … 3/4 小匙
芫荽籽 … 3/4 小匙
葛縷子 … 3/4 小匙
葡萄籽油 … 2 大匙
海鹽 … 1/4 小匙
匈牙利紅椒粉 … 1/2 大匙

Point

為避免烤箱受熱不均勻，烘烤過程中可以將烤盤轉向一次。完成的地瓜脆片可以單獨吃，或是備好綠檸檬角，擠一點點檸檬汁一起吃味道也很不錯！

[作法]

1. 地瓜刷洗乾淨不削皮，切成 3mm 厚圓片。
2. 烤箱預熱 200℃，如果使用旋風烤箱則預熱 190℃。準備 4 個烤盤並鋪上烤焙紙。如果烤箱較小，可分兩批烘烤。
3. 平底鍋中，將孜然、芫荽籽和葛縷子小火拌炒至香氣散出後，放涼並磨成粉。
4. 將地瓜片用沙拉脫水器將多餘水分脫乾，或是平鋪在烤盤上，以廚房紙巾拍乾。取一個大碗，倒入油、2 的香料粉、海鹽和紅椒粉，攪拌均勻。倒入地瓜片，將香料油與地瓜片拌勻，建議可以用手。
5. 將地瓜片以不重疊的方式，平鋪在烤盤上，進爐烘烤 10~15 分鐘，烘烤至地瓜表面乾燥並金黃上色即可。

Column
03

木盤和砧板的挑選原則

天然的木頭素材，自然生成的樣子，其實沒有好壞的差別，只有會不會使用之分，可依著自己的喜好來做取捨。而就初學者而言，挑選時可儘量避免有裂或有節的木頭，較大面積的木頭在創作中變化度較高。

到木料行選料的好處

到木材行選料容易挑選到喜歡的木紋及木種，每個木材行所擁有的木種不盡相同，可依需求至各專業木材行購買，相關資訊請參考木平台的相關資料庫。
木平台：woood.tw

木材的計價方式

以材積計價，越大量越便宜，木種不同會有所差距。零售的普通的木材平均一材 NT.100 至 NT.200 元之間，高價的木材則無上限，像是進口的黑檀木一材可至 NT.2,500 元。

NG 木頭與好木頭的對照

有些木頭會有裂痕在內部或是有節的，在未裁切開來時其實無法發掘，建議在製作上多準備材料，以備不時之需。

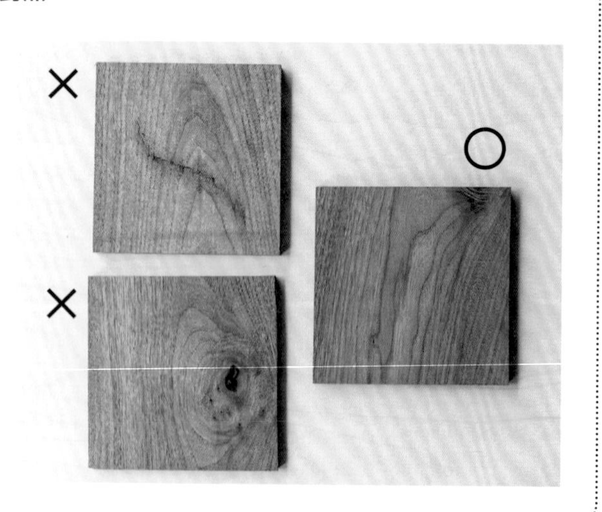

• 文字：劉薰寧 • 攝影：Evan • 資料提供：木質線

木盤和砧板的保養技巧

木頭擁有的天然特性，會使其因環境溫度或溼度劇烈變化，而產生開裂或變形的可能，也易因環境濕度過高及使用頻率較低，而使黴菌滋生。提供大家木頭使用的小撇步，在了解其特性後，更能延長其使用的壽命。

1 平時的清潔收納

木食器可視使用的情況，僅以清水沖洗，或使用海綿沾取少許清潔劑，輕柔的刷洗後再重複清水沖洗 2 至 3 次。接著用布巾或紙巾擦乾水分，將木器順著木紋的方向直立晾乾，這樣可使水份順著木頭的毛細孔排除。晾乾時勿將木器的邊緣緊貼晾乾處的平面，可減少邊緣發霉的機會。紫外線的分解作用易使木頭使用年限縮短，也可能導致裂痕，需儘量收納在不受太陽直射的通風位置。

2 不定期的塗裝保養

木器使用一段時間後，第一次塗裝的木臘油會因長期的沖洗而逐漸乾燥，此時可適時用紙巾沾取亞麻仁油、核桃油、橄欖油等天然植物油，均勻擦拭木器，使其滋潤，同時，經常性的使用，就是保護木器不受黴菌侵擾的最佳養護妙方。

原木砧板可以使用護木蠟作保養，以姆指取少量的護木蠟，針對欲保養的區塊以下壓並且畫圈的方式塗抹，因為體溫與摩擦生熱的關係，能夠使蠟軟化。

以乾布來回擦拭，讓蠟可以更均勻的附著與吸收。

• 文字：劉薰寧、Irene • 攝影：Evan • 資料提供：木質線 • 示範：NOM NOM - Jimmy

夏日蔬果沙拉
recipe-p.120
薄荷大黃瓜冷湯
recipe-p.121
凍繽紛
莓果氣泡飲
recipe-p.123
百里香檸檬烤雞
recipe-p.118
香蕉巧克力派
recipe-p.112

Picnic Table
15

夏日就是要來一場熱情的烤雞派對

野餐時光就用適合分享又澎湃的料理決勝負吧！三五好友或是親愛家人共聚的時刻，還有著美好風景佐餐，用餐氣氛也不自覺輕鬆了起來。

• 文字：張雅琳 • 攝影：Evan • 食物造型：真食．手作－Vicky

Vicky 的木擺盤技巧

tips ❶
搭配綠色植物，表現原味

呼應野餐的大自然氛圍，利用綠色植物作為點綴陪襯，不僅和木盤很對味，也比較能呈現原野森林的感覺。

tips ❷
用瓷器、玻璃等異材質，打造層次

可以選擇小一點的瓷器、玻璃作為盛裝的食器，這兩種材質跟木盤一樣都給人簡單乾淨的感覺，瓷器跟玻璃也很適合加上盤飾，不同的大小搭配起來也會讓層次感覺豐富。

tips ❸
堆高擺盤讓視覺更立體

如果只是平面的擺盤容易流於呆板，這時可以利用「堆高」讓整體視覺變得更豐富，像是沙拉在擺盤時就很適合利用不同的蔬果葉子堆疊出立體感。

木盤 / 砧板選用

把手紅橡木木盤

購自峇里島街上，呈現紅橡木本身大部分為直紋的外貌。手把部分帶點不規則感，也讓這塊砧板看起來更有個性。Vicky 偏好「越原始越好」的自然系砧板，沒有過多拋光、上漆的加工。

約 NT.1,500 ～ 2,000 元／
（長）含手把 42cm×（寬）23.5cm×（厚）1.5cm ／紅橡木

橢圓紅橡木木盤

同樣購自峇里島，看得到木頭本身天然的紋路，有別於一般長方形砧板的規矩，橢圓造型讓這塊木盤在穩重厚實中更多了幾分圓潤手感。

約 NT.1,500 ～ 2,000 元／
（長）24.5cm×（寬）19.5cm×（厚）1.4cm ／紅橡木

Object | 650c.c. 泡菜罐、長型紅橡木木盤、橢圓紅橡木木盤、手把紅橡木木盤、紅酒杯、正方白盤

百里香檸檬烤雞

Vicky 心目中「看起來很厲害但做起來一點也不難的」就是這道烤雞了！她說這其實是國外烤火雞的做法，當沒有充足的時間可以事先將雞肉醃製一整晚，用這種做法既可以速成又能讓雞肉入味、具濕潤口感。

［材料］

全雞 … 1 隻
無鹽奶油 … 50g
百里香 … 1 匙
奧勒岡 … 1 匙
迷迭香 … 1 匙
巴西利 … 1 匙
橄欖油 … 50ml
鹽 … 1~2 小匙
百里香 … 少許
黃檸檬 … 1 顆
綜合香料 … 100g

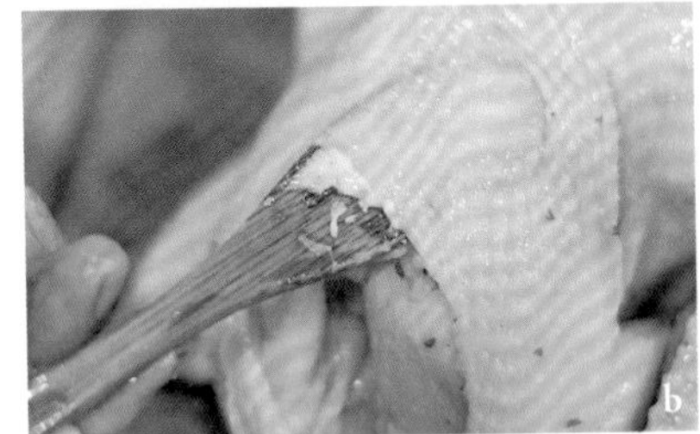

［作法］

1. 將香草洗淨，去除葉梗，留下葉片，剁碎與無鹽奶油混合做成香草奶油。a
2. 將全雞內外抹上鹽及橄欖油。用扁木棒先將雞皮撐開，在皮下均勻抹上香草奶油。b
3. 抹上綜合香料在全雞的表面，再將百里香剁碎及黃檸檬塞入雞腹（幫助定型及增加香氣），醃製約 1 小時。c
4. 包上兩層鋁箔紙，烤箱先以 300℃預熱 10 分鐘，烤約 1 小時，再將鋁箔紙打開烤 10 分鐘，讓外皮上色即可。d

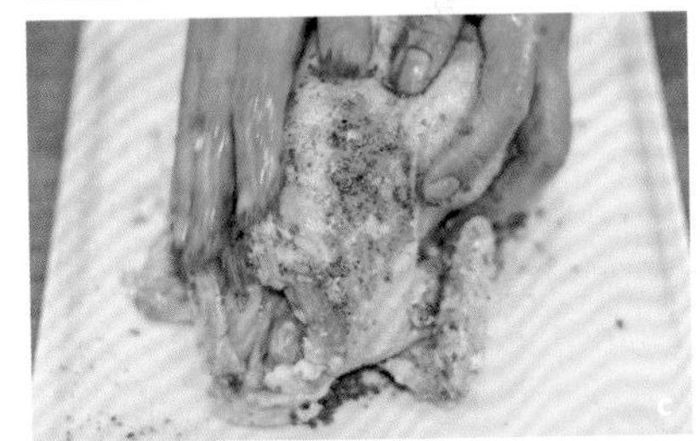

Point

1 香草可視個人口味喜好使用單一或多種，多種香草相較之下更有風味層次。但要記得選擇「鹹味」香草比較對味，避免使用「甜味」香草。在雞皮皮下抹奶油時，要留意力道，以免太大力將皮撐破。
2 食用時，可將黃檸檬切對半與烤雞湯汁混合，淋上烤雞食用，檸檬汁可依個人喜愛的酸度酌量增減。

夏日蔬果沙拉

[材料]

A
- 鳳梨 … 1 顆或鳳梨乾片
- 火龍果 … 1/4 顆
- 葡萄 … 6 粒
- 蘋果 … 1/2 顆

B
- 蘿蔓 … 4 葉
- 洋蔥 … 1/8 顆
- 芽菜 … 少許
- 紅椒 … 1/4 顆
- 葵瓜子 … 20g

鄉村沙拉醬

- 美乃滋 … 250ml
- 優格 … 250ml
- 乾碎洋蔥 … 2 大匙
- 大蒜粉 … 2 大匙

C
- 奧勒岡 … 少許
- 細香蔥 … 少許
- 蒔蘿 … 少許

- 鹽 … 2 匙
- 黑胡椒 … 少許

[作法]

1. 製作鄉村沙拉醬：C 切碎備用，如沒有新鮮的香草，可使用乾香草。將美乃滋及優格混合均勻。放入大蒜粉、乾碎洋蔥、切好的香草、鹽、黑胡椒混合均勻即完成鄉村沙拉醬。
2. 鳳梨整顆切片，放入烤箱，以低溫 50~80℃低溫烘烤 4 小時，或現成鳳梨花乾備用。
3. 將水果切塊，蔬菜洗淨備用。部份製作成鳳梨花水果串，拿出牙籤，依序插入 A，放在小玻璃杯內。
4. 取出木盤放入，墊上大片植物的葉子（圖片上為無花果葉），混合 B，放上水果、芽菜。擺上鳳梨花水果串玻璃杯及鄉村沙拉醬即可。

Point

鳳梨一定要花長時間以低溫慢慢烘乾，顏色才會漂亮，若為求快用高溫的話，鳳梨容易焦掉。

薄荷大黃瓜冷湯

[材料]

大黃瓜 ··· 1/2 條
小黃瓜 ··· 1 條
櫛瓜 ··· 1 條
洋蔥 ··· 1 顆
馬鈴薯 ··· 1 顆
白酒 ··· 少許
蔬菜高湯 ··· 1 杯
椰奶 ··· 150ml
薄荷 ··· 5g
奶泡 ··· 50g
橄欖油 ··· 1 匙
鹽 ··· 1 匙

[作法]

1. 將小黃瓜、櫛瓜、大黃瓜、馬鈴薯削皮備用，洋蔥切塊備用。
2. 熱鍋加入橄欖油，放入洋蔥炒至焦黃，陸續放入小黃瓜、櫛瓜、大黃瓜、馬鈴薯放入鍋內，炒香。
3. 加入白酒、蔬菜高湯、薄荷、椰奶和水，淹過食材，煮滾之後，轉小火燉煮約 10~15 分鐘即可放涼。
4. 取出果汁機，將煮好的湯打成泥，冷藏 2 小時。食用時打冰奶泡，放些奶泡在湯上，撒上薄荷葉即可。

Point

用 3 種不同的瓜表現風味層次，特別是加了椰奶讓整體帶有慕斯的感覺，椰奶的奶味也不會過重膩口。

香蕉巧克力派

[材料]

派皮（亦可使用市售派皮）

中筋麵粉 … 1 又 1/4 杯
糖 … 1 大匙
奶油 … 150g
鹽 … 1 小匙
伏特加 … 2 大匙
冰水 … 2 大匙

餡料

鮮奶油 … 100ml
70% 苦甜巧克力 … 450g
奶油起司 … 250g
馬斯卡朋乳酪 … 200g
蜂蜜 … 120ml
巧克力酒 … 2 大湯匙
香蕉 … 4 條

Point

1 加入伏特加是讓麵團有千層的效果及濕潤感。
2 香蕉泥作為夾層可避免接觸空氣氧化黑掉。

[派皮作法]

1. 將中筋麵粉 1 杯、糖、奶油、鹽混合，再加入伏特加、冰水及 1/4 杯麵粉混合。
2. 放入冰箱冷藏一小時後，拿出稍退冰。桿成 9 吋大小的派皮，放入派烤盤。
3. 派上面放上鋁箔紙和壓派石，烤箱預熱 8~10 分鐘，以 180℃烘烤 15 分鐘，使派皮呈現淡白色。
4. 移除鋁箔紙和壓派石，再烤約 10 分鐘上色後，取出，放在網架上冷卻完全，再放入餡料。

[餡料作法]

1. 製作甘納許：巧克力和鮮奶油以小火加熱混和，融化後攪拌均勻，靜置。
2. 甘納許冷卻，拌入奶油起司、蜂蜜、巧克力酒攪拌均勻，放入馬斯卡朋乳酪攪拌均勻。
3. 將 2 條香蕉攪碎成泥備用。
4. 將起司巧克力放入派內，塗上薄薄一層，再加入香蕉泥一層，再倒入剩餘的巧克力餡料。
5. 再將 2 條香蕉切片，擺在派上。放入冰箱冷凍約 1 小時即可食用。

繽紛莓果氣泡飲

[材料]

醃製蘭姆覆盆子 … 10 顆
（或用莓果手工果醬）
氣泡水或 7up 汽水 … 500ml
糖水 … 2 匙（視狀況調整，如果是加汽水就省略）
薄荷葉 … 5 片
檸檬角 … 3 塊
冰塊 … 少許

[作法]

1. 將檸檬角放入杯中及薄荷葉一起用刀背微微剁過備用。
2. 取出高腳杯，放入蘭姆覆盆子 10 顆或是莓果類手工果醬。
3. 加入冰塊、糖水、氣泡飲、檸檬角和薄荷葉攪拌即可享用。

Point

加入氣泡飲時，要用湯匙慢慢將氣泡飲一匙匙舀進杯中，避免直接沖入杯中將杯底果醬弄得混濁，就少了層次美感。

檸檬薄荷椰糖
Mojito
recipe-p.128

西西里肉丸三明治
recipe-p.126

綜合堅果

綜合起司拼盤
recipe-p.129

LEE
Tastemade

Picnic Table

16

風味十足，草地上的小酒館

偶爾拋開生活的慣性，與好友相約來個大人專屬的野餐時光！大人的野餐以風味濃郁的西西里肉丸三明治搭配上多種起司與綜合堅果，再來一杯椰糖 Mojito，除了將小酒館的暢快自在搬到戶外，還多了一點陽光帶來的朝氣。

• 文字：Irene • 攝影：Evan • 食物造型：NC5 STUDIO－Eason

Eason 的木擺盤技巧

tips ❶

先安排主食，再安排其他小食

水滴形的木砧板造型獨特，先確定體積較大的主食三明治尺寸適合放置於上方靠近尖端處，其他小型零碎的食物則散置於下方較大的空間，避免造成視覺擁擠同時產生平衡感。

tips ❷

從味覺的角度去思考

擺盤時除了視覺亦可從味覺的角度去思考，因為料理的口味偏重，所以增添酸味的果乾如藍莓、葡萄乾等作為點綴。

tips ❸

搭配銀器增加成熟風格

選擇銀製器皿承裝堅果不只輕巧好攜帶，也陪襯出些許細膩的質感與成熟的風格。

木盤 / 砧板選用

LEE WOODS 水滴形胡桃木砧板

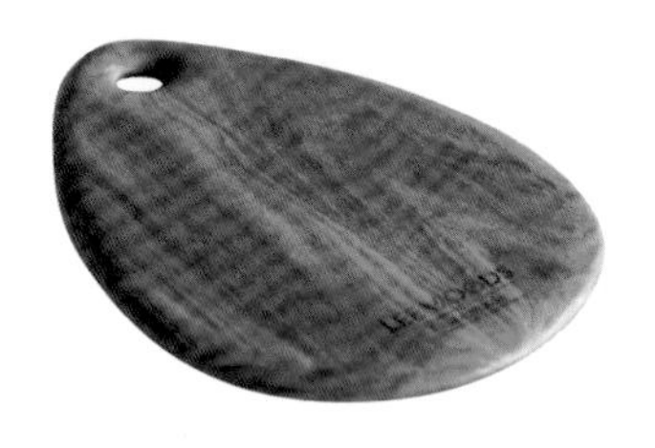

LEE WOODS 在各款木砧板的造型表現上特別強調邊緣的圓滑與順暢，著重於木製工藝的展現。圓潤輕巧的水滴狀是屬於大自然的形狀，沒有多餘的菱角也易於攜帶，是野餐時的最佳選擇，並於尖端處留有洞孔，方便垂掛於任何地方。

NT.2,600 元／(長)18×(寬)30×(厚)2cm／胡桃木

Object | LEE WOODS 水滴形胡桃木砧板、Zara Home 棉麻桌巾、起司刀、銀器小盅

西西里肉丸三明治

西西里肉丸是非常傳統且家常的義大利料理，在義大利家庭裡，幾乎每家每戶都有屬於自己的配方和味道，其中最重要的是香濃的肉丸必須搭配上酸味足夠的番茄以及多種香料，經過燉煮將所有的味道封存在一起。

[**肉丸子材料**]

牛奶…15ml
麵包粉… 30g

A
- 鹽…少許
- 黑胡椒粗粒… 1g
- 新鮮巴西利（切碎）… 15g
- 大蒜（切碎）… 3g
- 洋蔥（切碎）… 20g

牛絞肉… 200g
蛋黃液… 5ml

[**醬汁材料**]

B
- 罐頭番茄丁… 400g
- 大蒜（切碎）… 10g
- 新鮮巴西利（切碎）… 15g
- 義大利香料… 2g
- 黑胡椒粗粒… 1g
- 煙燻紅椒粉… 1g

馬芝拉起司… 60g

法國麵包… 1 條
芝麻葉… 適量
帕瑪森起司刨絲… 適量

[**作法**]

1. 烤箱開旋風預熱 200℃。
2. 在攪拌盆裡先倒入牛奶再均勻撒入麵包粉，混合均勻。**a**
3. 放入 **A**，混合均勻。**b**
4. 放入牛絞肉及蛋黃，混合均勻，將肉團捏合拍打至起毛邊。**c**
5. 將肉團分別搓揉成肉丸，放入不沾鍋，中火煎至表面焦糖化。**d**
6. 加入 **B**，均勻拌煮至湯汁收乾變濃稠。並加入馬芝拉起司，融化後即可關火。**e**
7. 法國長棍麵包剖半不切斷，烘烤 5 分鐘，淋上醬汁，放上肉丸、芝麻葉與帕瑪森起司刨片，即完成。**f**

Point

肉丸加入牛奶與麵包粉可增加濕潤多汁的口感，牛奶與麵包粉的比例為 1:2。常見的義大料香料包含迷迭香、百里香、巴西利、奧勒岡、羅勒等都可以方便性與個人喜好調整。

檸檬薄荷椰糖 Mojito

[材料]

椰糖 … 5g
薄荷葉 … 20 片
檸檬角 … 2 個
蘭姆酒 … 45ml
冰塊 … 適量
蘇打水 … 200ml

[作法]

1. 依序將椰子糖、薄荷葉放入 Shake 杯裡搗碎後加入檸檬角搗出汁液。
2. 倒入蘭姆酒並盛入八分滿冰塊混合均勻後倒入杯中。
3. 沿著杯緣倒入蘇打水即完成。

Point

椰糖是由椰子萃取而來，相較於經過多重加工，除色去味而成的精緻糖品能保留較完整的營養素與礦物質。

綜合起司拼盤

[材料]

藍紋乳酪
(Blue-Vein Cheese)
蒙佐力拉乾酪
(Mozzarella Cheese)
布利乳酪
(Brie Cheese)
新鮮藍莓 … 少許
葡萄乾 … 少許
綜合堅果 … 少許

[作法]

1. 將各種起司依食用量切下。
2. 搭配果乾與綜合堅果一起食用。

Point

起司非常適合作為野餐的點心，可挑選 3 至 4 種不同口味的起司相互搭配，感受不同種類的起司所創造的口感與風味。

熱狗熱壓三明治
recipe-p.132
濾紙式
手沖咖啡
recipe-p.133
生菜沙拉
玉米濃湯
蛋沙拉熱壓三明治
recipe-p.132

Picnic Table

17

野餐必備，大人小孩都愛的熱壓三明治

野餐的樂趣在於親朋好友，不論年紀都能開心的聚集在一起，
大人們暢所欲言，小孩盡情玩樂，只需要準備簡單的料理，就能一起度過開心的時光。

• 文字：Irene • 攝影：哈利 • 食物造型：哈利

哈利的木擺盤技巧

tips ❶
秀出三明治剖面

熱壓三明治雖然方便美味，但造型單一，將其橫切剖半，不但能表現出形狀的變化，豐富飽滿的內餡也是視覺重點。

tips ❷
搭配白色琺瑯餐具

餐具盡量以摔不破的材質為主，但過多的木頭材質會顯得有些無趣，因此在木器皿旁穿插點綴白色琺瑯鐵器，透過材質屬性的差異相互襯托，是最簡單的擺盤技巧。

tips ❸
運用食材三原色

蔬果與料理的搭配以紅色、綠色、黃色三種顏色去思考和變化，利用色彩的對比呈現活潑的感覺。

木盤 / 砧板選用

小澤賢一核桃木木砧板

小澤賢一的木砧板擁有獨一無二的凹凸刻痕的，第一眼看上就非常喜歡。而平常在選購木砧板時，最在意表面塗層是否安全，小澤賢一的木砧板表面已經上過一層植物油，讓人完全放心，平常保養只需要用食用油輕輕擦拭即可。日本的食器產品大多會標示食用級塗層，而選購台灣的產品時則可向店主詢問塗層原料是否符合食用標準。

約 NT.1,800 元／(長)19cm×(寬)12.5cm×(厚)2cm／核桃木

[**Object** | 小澤賢一手工木製砧板、KONO 手沖咖啡壺、KAMI 高橋工藝手工木杯、木碗、白色琺瑯盤]

蛋沙拉熱壓三明治

[材料]

白土司…2 片
水煮蛋…2 個
美乃滋…1 大匙
鹽…少許
胡椒…少許

[作法]

1. 將水煮蛋剝殼搗碎，加入美乃滋攪拌，撒上鹽與胡椒調味均勻混合。
2. 取一片吐司，放上適量均勻的蛋內餡，保留中線與四邊的空間。
3. 蓋上另一片吐司後，用手稍微按壓周邊，放入三明治烤模後闔起。
4. 於火源上雙面翻轉，約 2~3 分鐘。

熱狗熱壓三明治

[材料]

白土司…2 片
熱狗…2 條

[作法]

1. 將熱狗對切煎熟。
2. 取一片吐司，平均放上熱狗。
3. 蓋上另一片吐司後，用手稍微按壓周邊，放入三明治烤模後闔起。
4. 於火源上雙面翻轉，約 2~3 分鐘。

Point

這兩道三明治所使用的 BAWLOO 三明治烤夾中間有一道壓縫可以讓三明治更堅固也方便分食。如擔心餡料散落，可於吐司四邊可沾少許的開水或以起司當作餡料幫助三明治黏合 。

濾紙式手沖咖啡

[作法]

1. 將濾紙依縫線向內折。a
2. 撐開濾紙，平整放置並緊貼於咖啡壺上。b
3. 以熱水淋下，使濾紙平貼於濾杯上，同時溫熱咖啡壺。c
4. 倒入磨好的咖啡粉，以同心圓方式注水，咖啡粉淋濕後即可停止，靜置約 30 秒左右，此時稱作燜蒸。d
5. 燜蒸結束後，第二次注水，反覆繞圈，沖到所需的水量即可。e

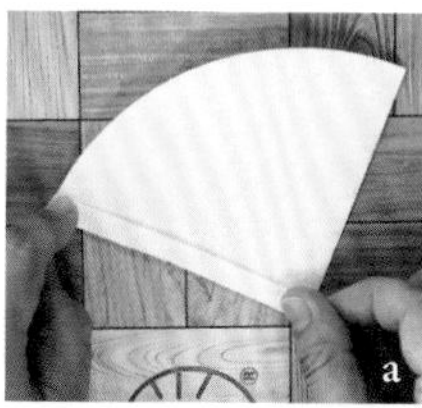
a

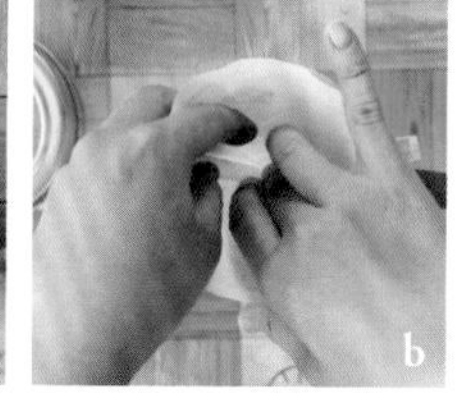
b

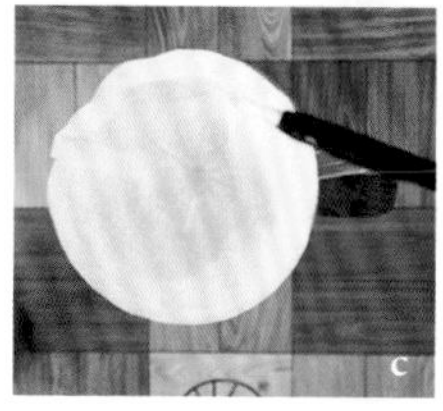
c

d

e

Column
04

來做自己的木盤！

選用胡桃木作為此次木盤製作的示範。顏色沈穩且紋路明顯，硬度適中的特性，易刻出明顯的手感紋路，不需刻意磨平就很好看，適合初次接觸木頭的新手操作。市售胡桃木材料的寬度大約在 13 至 20 公分之間，尺寸上適合做成盛裝食物的木盤。

• 文字：劉薰寧 • 攝影：Evan • 資料提供、手作示範：木質線

1 工具 & 材料準備

木盤材料：
長寬約 16 公分的胡桃木
工具：
鐵錘、尺、筆、丸鑿、平鑿、鉋刀、工作台

鉋刀勿直接使刀刃平放接觸平面，易傷害刀刃。工作台可將木頭固定，是製作中施力的好幫手。

2 畫出範圍

畫出清楚的內外線範圍，讓自己留意最外圍的界限（約 2mm），以防挖到邊緣使木盤不平整。依比例在內部再畫兩層方形，最靠近中心的方形範圍將是木盤挖鑿的最深處。

畫出最外圍的界限，約 2mm。

以木板寬度 1/3 的中心處畫一方形，向外等分再畫第二個方形。

3 丸刀雕刻

與木紋垂直的方向做雕刻，若平行雕刻產生逆紋，初學者易把木頭撕裂。每一刀與前一刀痕重疊，最後力道需有弧度的上揚，以平推的方式使鑿痕延長，鑿出的木屑較卷即表示施力正確。深度只需挖鑿到木頭厚度一半即可，可以直尺平貼表面觀測深度。若施力錯誤，持續點狀的往下剷，木頭易破。

與木紋垂直的方向做雕刻，鑿出深度。

Point

施力手之手肘抵住腰間較好使力，用身體的力道往前推較不易手酸，輔助手切勿放在刀前，避免受傷。

4 背面鉋斜角

四周鉋削斜角，除了方便使用，造型完整性也較高。可依個人喜好，決定斜角斜度，用鉋刀將四邊來回削至畫好的線，即成等量的斜度。

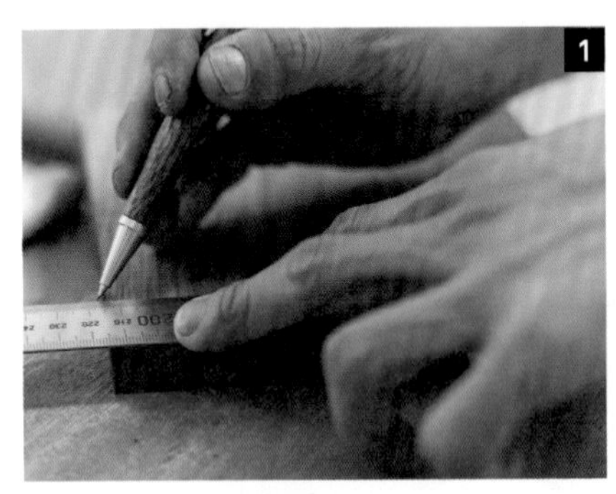

1 在四周邊緣 2 公分處畫出 4 條線。

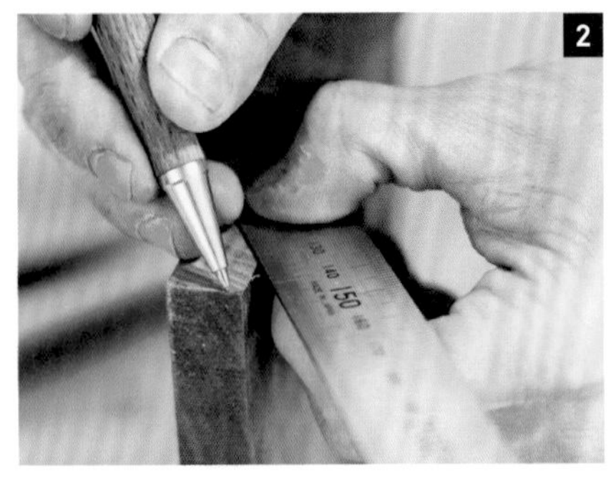

2 在側邊畫斜線，與四周邊緣線連接，即是斜角標示線。

3 用鉋刀沿線鉋削。

4 鉋削後即產生斜度。

鉋刀使用時，一樣先從與木紋垂直的方向開始削，順著木頭的方向較不易產生毛邊。用鉋刀鉋掉不平之處，也可用平鑿細修邊緣。

5 鑿修背面刻痕

鑿修盤底的紋路，讓盤子的底部不會因為木頭受潮變形而變得不穩。與正面使用丸刀的方式相同，輕微的挖鑿使其內凹，整個平面皆做修飾即可。

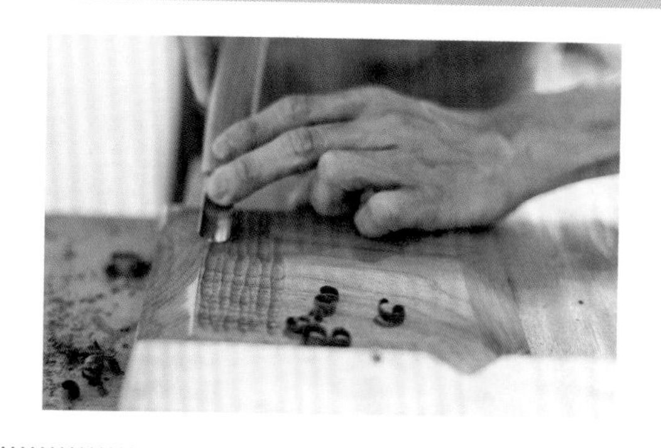

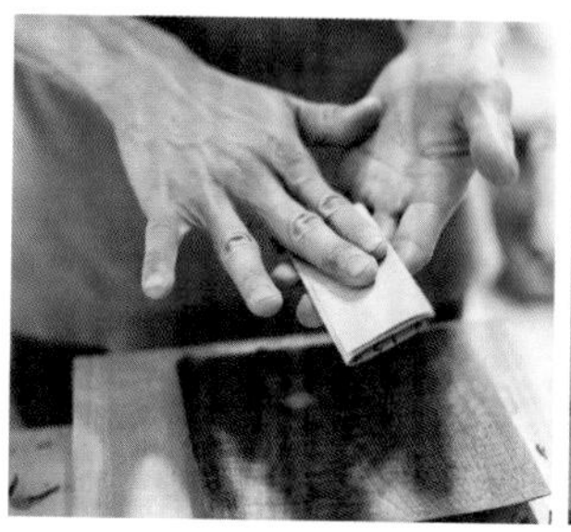

6 砂磨銳利處

將砂紙折成三等份，較易施力不容易滑掉，尖角易使木頭崩裂，輕輕修整四個邊角使其圓潤。

7 塗裝保養

用無染色、不易產生毛屑的布料，沾上些許食器專用木蠟油，輕抹在木作的表面。

若家中沒有專業的德國木蠟油，也可使用穩定性高的苦茶油，或將市面上買得到的核桃敲碎，取其油脂使用。

8 完成

法式蛋白霜
recipe-p.143
聊天綜合拼盤
recipe-p.142
胡麻豆腐
鮮綠沙拉
recipe-p.142
烤蔬菜麵包盤
recipe-p.140

Drink Table

18

小食和冷盤相伴，度過最放鬆的夜晚

將燈光轉暗的宵夜時分，準備簡單、方便取用的小食，冷盤下酒，
也不擔心聊太久了東西會冷掉不好吃，和三五好友坐下來促膝長談、交換心事，
最放鬆的姿態就是如此。

•文字：張雅琳 •攝影：Evan •食物造型：日常生活 a day－Ovan

Ovan的木擺盤技巧

tips ❶

先設定主題風格，心中先有畫面

在準備食材料理的同時，先構思這次想要呈現的主題、風格，再決定要搭配什麼木盤。像是主題為小酌的話，料理多為輕食小點，可運用方正的木盤平均擺放。

tips ❷

利用自然材質的用品互相搭配

配合木盤特性，選擇其他同樣自然材質的用品像是大理石砧板，可以讓彼此互相襯托、更「跳」出來，相較於全部用單一木盤砧板來擺盤，這樣的搭配也會顯得豐富、不呆板。

tips ❸

選擇特別造型或不同尺寸增加趣味

跳脫基本款方形、圓形的款式，都能讓擺盤起來增加不同感覺。也可以利用不同的大小或厚薄度不一的款式，在擺盤時自然呈現高低差。

木盤／砧板選用

Chabatree Edge 砧板

Chabatree 的產品有獨到的設計美感，為了守護地球，Chabatree 以不破壞生態環境為原則，使用合法人工林木材打造安心食器。Ovan 獨鍾這塊砧板有特別裁切角度、不規則的外型，有別於一般木盤、木砧板非方即圓的造型，讓人眼睛一亮。

NT.469 元／（長）22cm×（寬）15cm×（厚）2cm ／柚木

日常生活 a day 訂製柚木砧板

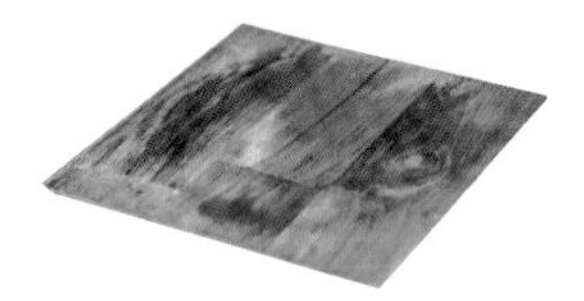

為了想要有個使用起來最順手的木砧板，Ovan 索性搜集回收木材再請木工切割，長寬厚薄都按照自己想要的尺寸設定，他笑說像這樣簡單的造型其實最百搭。

非賣品／（長）25cm×（寬）25cm×（厚）0.5cm ／柚木

[Object | iittala Teema 餐碗、iittala Teema 餐盤、Chabatree Edge 砧板、amabro 白色大理石岩砧板、訂製柚木盤、amabro 手把黑色大理石岩砧板]

烤蔬菜麵包盤

這是一道只要運用隨身的食材、挑選自己喜愛的麵包，和做好抹醬，就能輕鬆上桌的輕食小點。抹醬可隨自己的喜好添加材料，例如把酸奶換成優格等。搭配抹醬的材料也可以選用喜歡的肉類，煙燻鮭魚、生火腿或是臘腸等都是很好的選擇，是非常容易變化的食譜。

a

b

c

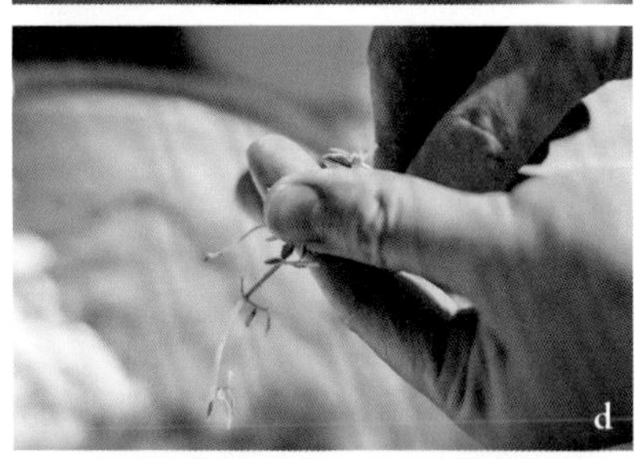
d

e

[材料]

白花椰菜…1/2 顆
紅、黃甜椒…各 1/2 顆
黃綠櫛瓜…各 1/2 條
玉米筍…5～6 條
紅洋蔥…1/2 顆
蒜頭（切片）…3 顆

A
鹽…適量
黑胡椒…適量
義大利香料…適量
巴薩米可醋…適量

香草起司抹醬

B
Sour Cream 酸奶…50g
新鮮檸檬汁…1 小匙
辣根醬（horseradish）…1 小匙（可用黃芥末代替）
新鮮香草…適量
鹽…適量
現磨黑胡椒…少許
Cream Cheese 奶油乳酪…100g

[作法]

1. 蔬菜食材清洗乾淨，切成適口大小。蒜頭切片。將 **A** 與蔬菜、蒜片混合拌勻。**a**
2. 烤箱預熱後，放入步驟 **1** 以 180℃烤 25 分鐘。**b**
3. 將 Cream Cheese 奶油乳酪以手提式攪拌機或打蛋器攪拌至呈柔滑狀。**c**
4. 攪拌盆中加入 **B**，攪拌均勻。**d、e**
5. 長棍麵包切片，塗抹醬、放上烤好的蔬菜並用喜歡的生菜裝飾即完成。

Point

蔬菜食材也可選擇根莖類，避免挑選水分很多的以免烤完呈現軟爛的口感。此外食材處理切塊時，要注意大小落差不要太大，若是根莖類食材不要切太厚，以免進烤箱之後，每種食材的熟度不均。

胡麻豆腐鮮綠沙拉

[材料]

蘿蔓 … 1/2 顆
綠捲葉萵苣 … 適量
紅捲葉萵苣 … 適量
櫻桃蘿蔔…2 片
板豆腐…1/4 塊
胡麻醬…適量

[作法]

1. 碗底先鋪上一層胡麻醬。
2. 放上洗淨冰鎮後脫水的生菜食材。
3. 將豆腐置於碗中央，要吃時再淋上胡麻醬，上下拌勻即可。

Point

生菜洗淨後，可用冰水浸泡 15 分鐘再脫水，讓口感更脆。櫻桃蘿蔔也可用小番茄替代，主要是在綠色生菜中加上一些紅色點綴配色用。

聊天綜合沙拉拼盤

[材料]

生火腿 … 2 片
西班牙臘腸 … 2 片
卡門貝爾 cheese … 1/4 塊（約 50g）
生菜 … 1 把
杏桃乾 … 2 顆
油漬香菇 … 適量
堅果 … 2 湯匙
橄欖油 … 適量

[作法]

1. Cheese 等食材都處理成一口大小。
2. 烤箱預熱至 180℃，放入堅果烤約 10 分鐘。
3. 生菜洗淨脫水，拌一點橄欖油即可。

Point

選擇山火腿、臘腸等鹹度重、風味濃郁的食材，適合下酒，搭配堅果、果乾組合出不一樣的口感。堅果可選擇核桃、腰果等，用烤箱烘烤的話，能提升香氣。

法式蛋白霜

[材料]

蛋白 … 6 個
鹽 … 2 小撮
砂糖 … 150g
糖粉 … 150g
巴薩米克醋 … 1 茶匙
鮮奶油 … 500ml
新鮮莓果 … 適量

[作法]

1. 將蛋白加入鹽後打到接近乾性發泡（用打蛋器沾附蛋白霜，倒轉時仍挺立倒扣不會掉下來的狀態）。
2. 分次加入砂糖，打到紮實且有光澤，加入巴薩米克醋混合攪拌均勻。
3. 烤箱預熱至 180℃。烤模抹上一層薄薄的奶油，烘培紙放入烤模，將 2 填入烤模稍微鋪平，以攝氏 150℃烤 90 分鐘。取出放至完全冷卻。
4. 鮮奶油打發後鋪在已經完全冷卻的蛋糕體上，放上新鮮莓果即完成。

Point

分蛋時要洗淨擦乾攪拌缸與打蛋器，確定器具沒有沾附油脂或水氣，小心剔除所有蛋黃。裝飾用的新鮮莓果也可用偏酸的水果取代，可以平衡原本偏甜的風味。

葡萄柚薄荷莫希多
MOJITO

百里香地瓜條
recipe-p.149

椰棗培根捲
recipe-p.146

嫩煎咖哩薑黃雞胸肉
recipe-p.148

酪梨莎莎醬
recipe-p.149

Drink Table

19

不管熱量，暢快小酌的放鬆時刻

不論今天是過得輕鬆簡單或是耗盡心力，在一天結束之前，就在家中舒適的窩著小酌一番，再來幾碟簡單的小食吧。在這一刻，不用去衡量營養均衡或熱量計算。佈置好餐桌，關上大燈，點一盞桌燈，享受便是了！

• 文字、攝影、食物造型：table 63.－張雲媛 Yun

張雲媛的木擺盤技巧

tips ❶
搭配色系單純、小尺寸碗碟

使用統一的色系，可以為餐桌氛圍帶來一致性而不顯得凌亂。小尺寸的碗碟則能凸顯出食物的精緻性，適合少量多樣的小食場合。

tips ❷
混搭不同食器，創造出不同用途

可以嘗試著使用不同器物當成承裝食物的用具，像是研磨缽、琺瑯杯或是小尺寸的砧板，都是除了碗盤之外的好選擇。

tips ❸
烘焙紙、餐巾紙是木製盤的好搭檔

木製食器比較需要注意潮濕或沾上油份，用來當作餐盤時，利用烘焙紙或花色好看的餐巾紙墊底，再放上食物。不但保護木器，更讓餐桌風格更有色彩層次！

木盤 / 砧板選用

IKEA 小型砧板

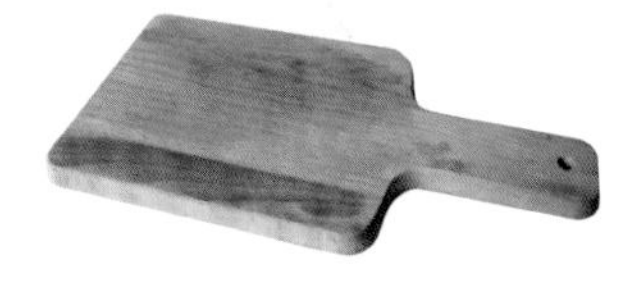

尺寸小巧，適合當作開胃小點的菜盤或盛裝一人份餐點。天然實木製作，手感質樸且價位不高，很值得入手。定期塗上可接觸食物的保養油保養即可。

NT. 199 元／(長)30cm×(寬)15cm×(厚)1.6cm／實心櫸木

手工方形砧板

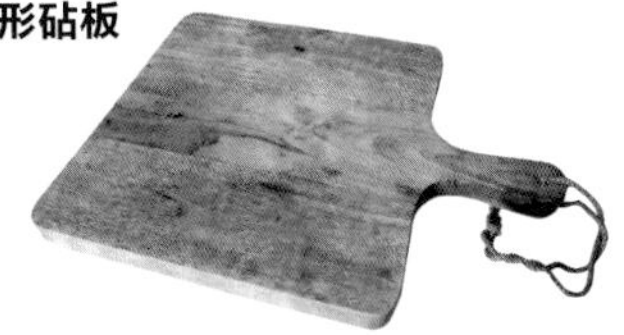

原木製成，保留了十分自然的木紋，且手感粗獷帶有十足的鄉村風格。方形的大面積適合盛裝多種類的小食，或是當作餐桌上主食的盤飾。因未塗上任何保護油，較不適合用來分切食物。

NT. 750 元／(長)39cm×(寬)29cm×(厚)2cm／

[**Object** | 義峰白底藍點 5.5 吋盤、IKEA 水杯、SADOMAIN 木碗及木匙、生活工場研磨缽、手工方形木砧板、二手復古蕾絲杯墊]

椰棗培根捲

這道帶著甜鹹滋味的開胃小點，只要預先準備好，料理時輕鬆又快速。內裡包裹著滑潤起司卻又帶有堅果的顆粒口感。搭配帶有些微氣泡的啤酒或白酒，吃來清爽但又層次豐富。當然，這道一口一個的 finger food，拿來當作聚會、野餐時的小點，也是很好的選擇。

a

b

c

d

e

[材料]

椰棗 … 10 顆
奶油起司 … 80 克
核桃果仁碎 … 2 大匙
培根 … 5 片

[作法]

1. 烤箱預熱 180℃。
2. 用小料理刀小心劃開椰棗，去籽。**a**
3. 將奶油起司和核桃粒混合均勻。**b**、**c**
4. 培根依長邊對半切開。
5. 將一小匙起司塞進椰棗中心，再用培根捲起來，需要的話以牙籤固定。**d**
6. 以平底鍋開小火，培根封口處朝下先煎，適時翻轉，煎至培根微焦即可。**e**

Point

1 奶油起司在操作過程，建議要保持低溫，避免過於軟化不好操作。
2 前一天可以先把椰棗培根捲先處理好並冷藏，隔日即可快速下鍋。

嫩煎咖哩薑黃雞胸肉

[材料]

雞胸肉 … 1 份

5% 鹽水（每 100g 的水 +5g 的粗鹽）… 淹過食材的份量

A
- 薑黃粉 … 1/4 小匙
- 咖哩粉 … 1 小匙
- 白芝麻 … 1 小匙
- 橄欖油 … 1 大匙

[作法]

1. 雞胸肉以 5% 鹽水浸泡一小時後，將雞胸肉從鹽水中取出，擦乾水分備用。
2. 在大碗中將 **A** 拌勻。接著將雞胸肉均勻地裹上混合香料。
3. 將橫紋鍋燒熱，雞胸肉兩面各煎 6 分鐘至熟（依雞胸肉厚度微調），起鍋後放涼五分鐘，再切片盛盤即可。

蒜味迷迭香地瓜條

[材料]

- 地瓜…1個（約200g）
- A
  - 蒜頭…3~4瓣
  - 新鮮迷迭香…1束（約10cm）
  - 粗鹽、黑胡椒…各適量
  - 橄欖油…1大匙

[作法]

1. 烤箱預熱220℃。
2. 把地瓜表面洗刷乾淨，切成寬度約1公分的長條。蒜頭拍碎不需去皮。
3. 在大碗中混合A。
4. 將地瓜條也放進大碗中，混合均勻，確認地瓜條都均勻地裹上油份。靜置15分鐘。
5. 將地瓜條平鋪在烤盤上，烤30分鐘，中途翻面2~3次。烤至地瓜柔軟表皮微焦即可。

醬料

酪梨莎莎醬

[材料]

- 番茄…1顆
- 紫洋蔥…1/2顆
- 香菜…1把
- 酪梨…1顆
- 鹽、黑胡椒…適量
- A
  - 辣椒丁…1小匙
  - 蒜頭末…1小匙
  - 檸檬汁…1大匙
  - 橄欖油…1小匙

[作法]

1. 番茄去籽後切成小丁。紫洋蔥同樣切成小丁。香菜切細碎。
2. 酪梨肉取出後以湯匙背約略壓成泥。
3. 在大碗中將A及其他所有食材混合，調味可依個人喜好增減。
4. 可另外準備玉米脆片或作為雞肉料理的沾醬一同食用。

泰式椰奶
綠咖哩燉牛肋條
recipe-p.155
鐵炙牛排搭
乾煎鳳梨烤起司
recipe-p.154
雞肉串燒佐
優格酪梨醬
recipe-p.152
菊苣優格沙拉
義式帕瑪生火腿
搭哈密瓜

Drink Table

20

午夜時刻，透過食物共享深夜秘密

夜晚有著無法形容的魔力，讓人肩膀放鬆，心變得柔軟。與好友共享一桌深夜美食，讓心裡的秘密在餐桌上恣意流動。

• 文字：劉薰寧 • 攝影：Evan • 食物造型：小食樂宅料理工作室－Victor

Victor 的木擺盤技巧

tips ❶ 紙上沙盤演練，擺盤時更具體

先在紙上畫出今晚的菜色，勾勒腦中食物的顏色、餐具的形狀等意象，實際擺盤時就會更接近心中想要的樣子。

tips ❷ 運用異材質與木作相襯

喜歡中性一點的擺盤，在餐具的選用上，可運用具有溫潤質地卻不失光澤的鑄鐵鍋等食器或鍋具與木作相襯。

tips ❸ 善用食物的特性

運用食物不同顏色之色差做擺盤，以對比色或是互補色陳列，在視覺上更為加分。

木盤 / 砧板選用

長方形橡木砧板

相較於量產的食器，木作器皿保留越多手感的痕跡，擺在餐桌上食 用越能感受其中的溫度，同時選用橡木製作的食器，質地較硬，耐切也較不易發霉。

約 NT.2,200 元／約 40cm × 18 cm ／橡木

圓形木盤

旅行是挖掘木器皿最好的時機，到世界各地遊走時，不妨探尋各地的特色小店，特別是東南亞國家，很容易發現質感好又便宜的木作。

約 NT.350 元／直徑約 22cm ／橡木

[**Object** | 圓型木盤、長方形橡木砧板、歐式瓷器、德國 Turk 鐵鍋、16mm 法國紅銅鍋、白色亞麻桌巾、透明玻璃杯]

雞肉串燒佐優格酪梨醬

炙熱的夜晚，一盤鮮嫩的雞肉料理配上酸甜的酪梨醬，爽口開胃，適合與好友暢聊整夜時享用，捨不得輕易入睡。

[材料]

酪梨醬

原味優格 … 3 大匙
蒜頭 … 1 瓣
黑胡椒 … 少許
海鹽 … 1 小匙
檸檬汁 … 1 小匙
黃檸檬皮（刨末）… 少許
橄欖油 … 1 茶匙

雞肉串燒

雞胸肉 … 3 片
紅、黃甜椒 … 各 1/2 顆
綠橄欖 … 少許
義大利香草 … 少許
黑胡椒 … 少許
海鹽 … 少許

[作法]

1. 酪梨挖出後，將所有酪梨醬材料混合攪碎，備用。**a、b**
2. 將雞胸肉切塊依序成串。**c**
3. 撒上少許海鹽、黑胡椒及綜合義大利香草。**d**
4. 拿一只鐵鍋預熱煎炙到金黃色。**e**
5. 放入預熱 180℃的烤箱烤 15~20 分鐘。

Point

酪梨醬中加入些許的檸檬汁及檸檬皮，酸味能調和優格的油膩感，搭配起來更為爽口，並帶有檸檬的香氣。

鐵炙牛排佐乾煎鳳梨

[材料]

牛肩里肌排 … 2 片
墨西哥辣椒 … 1 片
黑胡椒 … 少許
海鹽 … 1 小匙
蒜末 … 少許

[作法]

1. 起熱鍋放入 1 茶匙油，將撒上黑胡椒及海鹽的牛排，兩面各煎 15 秒熄火。
2. 降溫 3 分鐘，放上墨西哥辣椒及蒜末至牛排上。
3. 放入預熱 180℃烤箱烤約 5 分鐘。
4. 將鳳梨切塊乾煎，取出烤箱的牛排保溫放置 5 分鐘即可上桌。

Point

鳳梨含有很多維他命與維生素，加熱過後的鳳梨，在炎熱的夏天能消退火氣，酸甜口感也調和整道菜的口感。

泰式椰奶綠咖哩燉牛肋條

[材料]

牛肋條 … 半斤

A
- 黑胡椒 … 少許
- 海鹽 … 少許
- 洋蔥 … 1 顆
- 蒜頭 … 6 瓣
- 綠橄欖 … 15 顆

綜合綠咖哩醬 … 4 大匙
泰式椰奶 … 200ml
啤酒 … 1 瓶
香菜 … 適量

[作法]

1. 將牛肋條切塊狀後煎至金黃色備用。
2. 將 A 爆香後，放入牛肋條、綜合綠咖哩醬拌炒，再淋上啤酒。
3. 開大火燒滾後轉小火熬煮。
4. 熬煮 1 小時後加入椰奶及香菜，再燉 15 分鐘即可上桌。

INDEX

以形式分類

主食

輕食

沙拉

湯品

醬料

點心

甜點

飲品

以食材分類

肉類、海鮮

起司

豆腐

蔬食

療癒木擺盤：木盤、砧板這樣用！

早午餐、午餐、晚餐、小酌、下午茶、派對的
20個餐桌提案×73道暖心料理

作者　常常生活文創 編輯部
文字協力　Irene、劉薰寧、劉繼珩、張雅琳、黑兔兔、紀瑀瑄
攝影　有家攝影工作室Evan、好拾光good times、Sam
責任編輯　莊雅雯
封面設計　劉佳華
內頁構成　劉佳華、范綱燊
行銷企劃　王琬瑜、卓詠欽、呂佳蓁

發行人　許彩雪
出版　常常生活文創股份有限公司
E-mail　goodfood@taster.com.tw
地址　台北市106大安區建國南路1段304巷29號1樓
電話　02-2325-2332
傳真　02-2325-2252

總經銷　大和書報圖書股份有限公司
電話　02-8990-2588
傳真　02-2290-1628

印刷製版　凱林彩印股份有限公司
定價　NT.360元
初版一刷　2016年8月

ISBN 978-986-93068-8-1

國家圖書館出版品預行編目(CIP)資料

療癒木擺盤：木盤、砧板這樣用！早午餐、午餐、晚餐、小酌、下午茶、派對的20個餐桌提案×73道暖心料理/常常生活文創編輯部作. -- 初版. -- 臺北市：常常生活文創, 2016.08 160面；15×21公分
ISBN 978-986-93068-8-1（平裝）
1.烹飪 2.食器運用 3.風格生活
427.32　105014213